肥料知识手册

北京市耕地建设保护中心　编著

中国农业科学技术出版社

图书在版编目(CIP)数据

肥料知识手册 / 北京市耕地建设保护中心编著. --北京：中国农业科学技术出版社，2024. 12（2024.12重印）
ISBN 978-7-5116-6582-9

Ⅰ. ①肥… Ⅱ. ①北… Ⅲ. ①肥料-手册 Ⅳ. ①S14-62

中国国家版本馆 CIP 数据核字(2023)第 241233 号

责任编辑 张国锋
责任校对 李向荣
责任印制 姜义伟 王思文

出 版 者 中国农业科学技术出版社
北京市中关村南大街 12 号 邮编：100081
电 话 (010) 82109705 (编辑室) (010) 82106624 (发行部)
(010) 82109709 (读者服务部)
网 址 https://castp.caas.cn
经 销 者 各地新华书店
印 刷 者 北京虎彩文化传播有限公司
开 本 148 mm×210 mm 1/32
印 张 6
字 数 168 千字
版 次 2024 年 12 月第 1 版 2024 年 12 月第 2 次印刷
定 价 60. 00 元

《肥料知识手册》
编委会

主　任　张连彦

副主任　贾小红　王维瑞　李昌伟

主　编　张连彦　贾小红　高　飞

副主编　陈小慧　王伊琨　范珊珊　季　卫
张新刚　周　洁　刘继远　刘　瑜

编　者　何威明　李彬彬　赖　勇　李　娟
高振新　李　萍　王　睿　王艳平
颜　芳　张　蕾　文方芳　樊晓刚
张雪莲　张梦佳　陈素贤　于跃跃
梁金凤　陈　娟　闫　实　赵凯丽
周　欣　徐珍珍　刘　彬　冯　洋
王鸿婷　赵国龙　李　桐　李权辉

前　　言

肥料是指用于提供、保持或改善植物营养和土壤物理、化学性能以及生物活性，能提高农产品产量，或改善农产品品质，或增强植物抗逆性的有机、无机、微生物及其混合物料。目前，肥料已经成为农业生产投入最大的一种生产资料，肥料的使用，极大地保证了世界的粮食安全。肥料质量不仅影响农民增收，而且也直接影响农产品品质、土壤质量及生态环境安全。生产和使用高质量肥料是保证农产品质量、农民增产增收、土壤生态安全的重要前提。

肥料种类繁多，一般分为无机肥料、有机肥料、微生物肥料三大类型。无机肥料又叫化学肥料，是用化学方法制成的含有一种或几种农作物生长需要的营养元素的肥料。只含有一种可标明含量的营养元素的化肥称为单元肥料，如氮肥、磷肥、钾肥以及中量元素肥料和微量元素肥料；含有氮、磷、钾三种营养元素中的两种或三种且可标明其含量的化肥，称为复合肥料；有机肥料是天然有机质经微生物分解或发酵而成的一类肥料；微生物肥料是指通过微生物生命活动，使农作物得到特定的肥料效应的制品，也被称为接种剂或菌肥，它本身不含营养元素，不能代替化肥。

《肥料知识手册》紧密结合生产实际需要，对目前生产中常用的复合肥料、有机肥料、水溶肥料、微生物肥料几大肥料类型相关知识进行了总结，包括不同类型肥料的基本知识、生产工艺、发展现状和前景展望等方面内容，为肥料生产者和肥料使用者提供参考，实用性和技术性较强。由于水平有限，不妥之处在所难免，敬请读者批评指正。

编　者

2024 年 4 月

目　录

绪　　论

一、肥料相关概念

1. 肥料（fertilizer）

用于提供、保持或改善植物营养和土壤物理、化学性能以及生物活性，能提高农产品产量，或改善农产品品质，或增强植物抗逆性的有机、无机、微生物及其混合物料。

2. 商品肥料（commercial fertilizer）

以商品形式出售的肥料。

3. 无机肥料（inorganic fertilizer）

由提取、物理和/或化学工业方法制成的，标明养分为无机盐形式的肥料。

4. 有机肥料（organic fertilizer）

主要来源于植物和/或动物，经过发酵腐熟的含碳有机物料，其功能是改善土壤肥力、提供植物营养、提高作物品质。

5. 水溶肥料（water-soluble fertilizer）

经水溶解或稀释，用于灌溉施肥、叶面施肥、无土栽培、浸种蘸根等用途的固体或液体肥料。

6. 微生物肥料（microbial fertilizer；biofertilizer）

含有特定微生物活体的制品，应用于农业生产，通过其中所含微生物的生命活动，增加植物养分的供应量或促进植物生长，提高产量，改善农产品品质及农业生态环境。目前，微生物肥料包括微生物接种剂、复合微生物肥料和生物有机肥料。

7. 复合肥料（compound fertilizer）

氮、磷、钾三种养分中，至少有两种养分标明量的由化学方法和/或物理混合造粒方法制成的肥料。

8. 掺混肥料（BB 肥）（bulk blending fertilizer）

氮、磷、钾三种养分中，至少有两种养分标明量的由干混方法制成的颗粒状肥料。

9. 有机无机复混肥料（organic inorganic compound fertilizer）

含有一定量有机肥料的复混肥料（注：有机无机复混肥料包括有机无机掺混肥料）。

10. 固体废物（solid waste）

在生产、生活和其他活动中产生的丧失原有利用价值或者未丧失利用价值但被抛弃或者放弃的固态、半固态和置于容器中的气态的物品、物质以及法律、行政法规规定纳入固体废弃物管理的物品。

二、肥料主要分类

肥料是指能供给作物生长发育必需的养分或改善土壤性状，以提高作物产量和品质的物质的统称。肥料的分类方法有很多。下面列举几种常见分类法。

（1）按肥料来源和组分的主要性质可以分为：化学肥料、有机肥料、生物肥料等。

（2）按肥料所含的营养元素可以分为：氮肥、磷肥、钾肥、镁肥、钙肥、硼肥等。这些肥料根据作物需要量的不同，又分为：大量元素肥料、中微量元素肥料。

（3）按营养成分的种类多少，可以分为：单质肥料、复合肥料、复混肥料。

（4）按产品的状态可以分为：固体肥料（包括粒状和粉状肥料）、液体肥料、气体肥料（常见的如用在温室和塑料大棚中的二氧化碳）。

（5）按肥料中养分的有效性或供应速率，可以分为：速效肥料、缓效肥料、长效肥料、控释肥料。

（6）按肥料中养分的形态和溶解性，可以分为氨态氮肥、硝态氮肥、酰胺态氮肥等，或水溶性肥料、弱酸溶性肥料和难溶性肥料。

(7) 按肥料酸碱性质可以分为：酸性肥料、中性肥料、碱性肥料。

(8) 按积攒方法可以分为：堆肥、沤肥、沼气发酵肥等。

三、肥料管理制度

肥料产品涉及两个主管部门，一是国家市场监督管理总局，对部分肥料产品实施工业产品生产许可证管理；二是中华人民共和国农业农村部，对部分肥料产品实施肥料登记或肥料备案管理。

1. 生产许可证管理

国家市场监督管理总局对化肥产品实施工业产品生产许可证管理，包括复肥产品和磷肥产品。复肥产品包括复合肥料、掺混肥料和有机无机复混肥料。依据《中华人民共和国工业产品生产许可证管理条例实施办法》规定，国家市场监督管理总局负责全国工业产品生产许可证统一管理工作，对实行生产许可证制度管理的产品，统一产品目录，统一审查要求，统一证书标志，统一监督管理。全国工业产品生产许可证办公室负责全国工业产品生产许可证管理的日常工作。省级市场监督管理局负责本行政区域内工业产品生产许可证监督管理工作，承担部分列入目录产品的生产许可证审查发证工作。省级工业产品生产许可证办公室负责本行政区域内工业产品生产许可证管理的日常工作。市、县级市场监督管理局负责本行政区域内生产许可证监督检查工作。复肥产品由省级生产许可证主管部门或其委托的下级生产许可证主管部门发证，生产许可证有效期为五年。

2. 肥料登记或肥料备案管理

中华人民共和国农业农村部对肥料实行肥料产品登记管理制度，未经登记的肥料产品不得进口、生产、销售和使用，不得进行广告宣传。农业农村部负责全国肥料登记、备案和监督管理工作。省、自治区、直辖市人民政府农业农村主管部门协助农业农村部做好本行政区域内的肥料登记、备案工作，肥料登记证有效期为五年。

(1) 部级登记产品

部级负责登记的产品包括化学肥料产品（含氨基酸水溶肥料、

含腐植酸水溶肥料、有机水溶肥料、土壤调理剂、中量元素肥料等）、微生物肥料产品（生物有机肥、复合微生物肥料、微生物菌剂、土壤修复菌剂等）和境外肥料产品等。

（2）省级登记产品

省级负责登记的产品包括有机肥料、有机无机复混肥料、水稻苗床调理剂。

（3）备案管理产品

对复合肥料、掺混肥料、大量元素水溶肥料、中量元素水溶肥料、微量元素水溶肥料、农用氯化钾镁、农用硫酸钾镁实施肥料备案管理。

（4）免予登记产品

对经农田长期使用，有国家或行业标准的下列产品免予登记：硫酸铵、尿素、硝酸铵、氰氨化钙、磷酸铵（磷酸一铵、磷酸二铵）、硝酸磷肥、过磷酸钙、氯化钾、硫酸钾、硝酸钾、氯化铵、碳酸氢铵、钙镁磷肥、磷酸二氢钾、单一微量元素肥、高浓度复合肥。

第一章　复合肥料

第一节　基本知识

一、相关概念

（一）复肥产品

1. 复肥产品类型（表 1-1）

复肥产品类型主要包括复合肥料、掺混肥料、有机无机复混肥料等。依据《化肥产品生产许可证实施细则（一）（复肥产品部分）》（以下简称细则）规定，复肥产品包括三个产品单元，即复合肥料、掺混肥料、有机无机复混肥料三个单元，即复合肥料是复肥产品的重要类型之一。

表 1-1　复肥产品单元及说明

序号	产品单元	单元产品说明	备注
1	复合肥料	氮、磷、钾三种养分中，至少有两种养分标明量的由化学方法和（或）物理混合造粒方法制成的肥料。产品包含复合肥料、硝基复合肥料、缓释复合肥料、控释复合肥料、硫包衣缓释复合肥料、脲醛缓释复合肥料、稳定性复合肥料、无机包裹型复合肥料、腐植酸复合肥料、海藻酸复合肥料	符合相关产品标准要求
2	掺混肥料	氮、磷、钾三种养分中，至少有两种养分标明量的由干混方法制成的颗粒状肥料，产品包含掺混肥料、缓释掺混肥料、控释掺混肥料、硫包衣缓释掺混肥料、脲醛缓释掺混肥料、稳定性掺混肥料、无机包裹型掺混肥料、含部分海藻酸包膜尿素的掺混肥料	

（续表）

序号	产品单元	单元产品说明	备注
3	有机无机复混肥料	含有一定量有机质的复混肥料（包括各种专用肥料以及冠以各种名称的以氮、磷、钾为基础养分的三元或二元固体肥料），产品包含有机无机复混肥料	

注：复混肥料产品和复合肥料产品合并为复合肥料产品单元。

2. 复肥产品执行标准

《复合肥料》（GB/T 15063—2020）

《掺混肥料》（GB/T 21633—2020）

《有机无机复混肥料》（GB/T 18877—2020）

依据《复合肥料》（GB/T 15063—2020）的规定，复合肥料对总养分（$N+P_2O_5+K_2O$）、水溶性磷占有效磷百分率、硝态氮、水分（H_2O）、粒度（1.00~4.75mm 或 3.35~5.60mm）、氯离子、单一中量元素（以单质计）、单一微量元素（以单质计）、总镉、总汞、总砷、总铬、总铊、缩二脲含量等技术指标做出了规定，符合相关规定的复合肥料产品为合格的复合肥料。

依据《掺混肥料》（GB/T 21633—2020）的规定，掺混肥料对总养分（$N+P_2O_5+K_2O$）、水溶性磷占有效磷百分率、水分（H_2O）、粒度（2.00~4.75mm）、氯离子、单一中量元素（以单质计）、单一微量元素（以单质计）、总镉、总汞、总砷、总铬、总铊、缩二脲含量等技术指标做出了规定，符合相关规定的掺混肥料产品为合格的掺混肥料。

依据《有机无机复混肥料》（GB/T 18877—2020）的规定，有机无机复混肥料对总养分（$N+P_2O_5+K_2O$）、水分（H_2O）、酸碱度（pH 值）、粒度（1.00~4.75mm 或 3.35~5.60mm）、蛔虫卵死亡率、粪大肠菌群数、氯离子、总镉、总汞、总砷、总铬、总铊、钠离子含量、缩二脲含量等技术指标做出了规定，符合相关规定的有机无机复混肥料产品为合格的有机无机复混肥料。

3. 复肥产品相关标准（表1-2、表1-3、表1-4）

表1-2 复合肥料执行标准和相关标准

产品单元	产品标准	相关标准	
复合肥料	GB/T 15063—2020 复合肥料 HG/T 4851—2016 硝基复合肥料 GB/T 23348—2009 缓释肥料 HG/T 4215—2011 控释肥料 GB/T 29401—2012 硫包衣尿素 GB/T 34763—2017 脲醛缓释肥料 GB/T 35113—2017 稳定性肥料 HG/T 4217—2011 无机包裹型复混肥料(复合肥料) HG/T 5046—2016 腐植酸复合肥料 HG/T 5050—2016 海藻酸类肥料	GB/T 8571—2008	复混肥料 实验室样品制备
		GB/T 8572—2010	复混肥料中总氮含量的测定 蒸馏后滴定法
		GB/T 8573—2017	复混肥料中有效磷含量测定
		GB/T 3597—2002	肥料中硝态氮含量
		NY/T 1116—2014	肥料 硝态氮、铵态氮、酰胺态氮含量的测定
		GB/T 8574—2010	复混肥料中钾含量的测定四苯硼酸钾重量法
		GB/T 8576—2010	复混肥料中游离水含量的测定 真空烘箱法
		GB/T 8577—2010	复混肥料中游离水含量的测定 卡尔·费休法
		GB/T 22924—2008	复混肥料（复合肥料）中缩二脲含量的测定
		GB 18382—2021	肥料标识 内容和要求
		HG/T 2843—1997	化肥产品 化学分析中常用标准滴定溶液、标准溶液、试剂溶液和指示剂溶液
		GB/T 8170—2008	数值修约规则与极限数值的表示和判定
		GB/T 6679—2003	固体化工产品采样通则
		GB/T 8569—2009	固体化学肥料包装
		GB/T 11957—2001	煤中腐植酸产率测定方法
		GB/T 6682—2008	分析实验室用水规格和试验方法
		GB/T 22923—2008	肥料中氮、磷、钾的自动分析仪测定法

表 1-3　掺混肥料执行标准和相关标准

产品单元	产品标准	相关标准	
掺混肥料	GB/T 21633—2020 掺混肥料（BB 肥） GB/T 23348—2009 缓释肥料 HG/T 4215—2011 控释肥料 GB/T 29401—2012 硫包衣尿素 GB/T 34763—2017 脲醛缓释肥料 GB/T 35113—2017 稳定性肥料 HG/T 4217—2011 无机包裹型复混肥料(复合肥料) HG/T 5050—2016 海藻酸类肥料	GB/T 8170—2008	数值修约规则与极限数值的表示和判定
		GB/T 6679—2003	固体化工产品采样通则
		GB/T 8569—2009	固体化学肥料包装
		GB/T 8571—2008	复混肥料 实验室样品制备
		GB/T 8572—2010	复混肥料中总氮含量的测定 蒸馏后滴定法
		GB/T 8573—2017	复混肥料中有效磷含量测定
		GB/T 8574—2010	复混肥料中钾含量的测定四苯硼酸钾重量法
		GB/T 8576—2010	复混肥料中游离水含量的测定 真空烘箱法
		GB/T 8577—2010	复混肥料中游离水含量的测定 卡尔·费休法
		GB/T 9969—2008	工业产品使用说明书　总则
		GB/T 14540—2003	复混肥料中铜、铁、锰、锌、硼、钼含量的测定
		GB/T 34764—2017	肥料中铜、铁、锰、锌、硼、钼含量的测定 等离子体发射光谱法
		GB/T 15063—2020	复合肥料
		GB/T 18382—2021	肥料标识 内容和要求
		GB/T 19203—2003	复混肥料中钙、镁、硫含量的测定
		HG/T 2843—1997	化肥产品 化学分析中常用标准滴定溶液、标准溶液、试剂溶液和指示剂溶液
		GB/T 6682—2008	分析实验室用水规格和试验方法

表 1-4 有机无机复混肥料执行标准和相关标准

产品单元	产品标准	相关标准
有机无机复混肥料	GB/T 18877—2020 有机无机复混肥料	GB/T 17767. 1—2008 有机-无机复混肥料的测定方法 第1部分：总氮含量 GB/T 8573—2017 复混肥料中有效磷含量测定 GB/T 17767. 3—2010 有机-无机复混肥料的测定方法 第3部分：总钾含量 GB/T 8576—2010 复混肥料中游离水含量的测定 真空烘箱法 GB/T 8577—2010 复混肥料中游离水含量的测定 卡尔·费休法 GB 18382—2021 肥料标识 内容和要求 HG/T 2843—1997 化肥产品 化学分析中常用标准滴定溶液、标准溶液、试剂溶液和指示剂溶液 GB/T 24891—2010 复混肥料粒度的测定 GB/T 24890—2010 复混肥料中氯离子含量的测定 GB/T 8170—2008 数值修约规则与极限数值的表示和判定 GB/T 6679—2003 固体化工产品采样通则 GB/T 8569—2009 固体化学肥料包装 GB/T 19524. 1—2004 肥料中粪大肠菌群的测定 GB/T 19524. 2—2004 肥料中蛔虫卵死亡率的测定 GB/T 23349—2009 肥料中砷、镉、铅、铬、汞生态指标

（二）管理方式

复肥产品管理同时实行生产许可证管理和肥料登记或备案管理。

1. 生产许可证管理

国家市场监督管理总局对复肥产品实行生产许可证管理。《化肥产品生产许可证实施细则（一）（复肥产品部分）》（以下简称细则）规定，在中华人民共和国境内生产本细则规定的复肥产品的，应当依法取得生产许可证，任何企业未取得生产许可证不得生产本细则规定的复肥产品；按企业标准、地方标准等生产的复肥产品，属于本细则列出的相关国家标准和行业标准的范畴或适用范围的，企业应按相应的国家标准或行业标准取证。因此，企业须取得生产许可证方可生产复肥产品。复肥产品的生产许可证由省级生产许可证主管部门或其委托的下级生产许可证主管部门发证。

2. 肥料登记或肥料备案管理

（1）肥料登记管理

依据《肥料登记管理办法》规定，有机无机复混肥料实行肥料产品登记管理制度，未经登记的肥料产品不得进口、生产、销售和使用。农业农村部负责全国肥料登记和监督管理工作，省、自治区、直辖市人民政府农业行政主管部门协助农业农村部做好本行政区域内的肥料登记工作，县级以上地方人民政府农业行政主管部门负责本行政区域内的肥料监督管理工作。有机无机复混肥料的登记管理工作由省级农业行政主管部门负责。

（2）肥料备案管理

依据农业农村部办公厅文件《农业农村部办公厅关于对部分肥料产品实施备案管理的通知》（农办农〔2020〕15 号）规定，复合肥料和掺混肥料实行备案管理，肥料生产企业应当在相应产品投入生产前，将产品信息通过农业农村部肥料备案信息系统、省级农业农村部门肥料备案信息系统进行备案；生产企业进行备案时，应当在线提交产品技术指标等资料；农业农村部、省级农业农村部门按权限负责肥料产品备案管理，定期抽查企业备案情况，督促生产企业按照本通知要求实施备案，按照“双随机、一公开”要求对生产企业及其产品进行监督检查。复合肥料和掺混肥料备案管理由省级农业行政主管部门负责。

二、主要分类

复合肥料按制造方法一般可分为化合复合肥料、掺混复合肥料和混合复合肥料三种类型。

（一）化合复合肥料

在生产工艺流程中发生显著的化学反应而制成的复合肥料。一般属二元型复合肥，无副成分。如磷酸铵、硝酸磷肥、硝酸钾和磷酸钾等是典型的化合复合肥。

（二）掺混复合肥料

将颗粒大小比较一致的单元肥料或化合复合肥作基料，通过机械混合制成的复合肥料，也称掺混肥料（BB 肥）。在加工过程中只是简单的机械混合，而不发生化学反应，如由磷酸铵与硫酸钾及尿素固体散装掺混的三元复肥等。

（三）混合复合肥料

通过几种单元肥料，或单元肥料与化合复合肥简单地机械混合，有时经二次加工造粒而制成的复合肥料，叫混合复合肥料。通常所说的复合肥料多指这种制造方法配成的复合肥料。它们大多属于三元型肥料，常含有副成分。如尿素磷铵钾、硫磷铵钾、氯磷铵钾、硝磷铵钾等三元复肥。

三、产品特点

复合肥料具有养分含量高、施用简便、使作物增产迅速的特点，生产量和使用量一直较大，在农业生产中一直占有重要地位。

（一）复合肥料优点

（1）营养元素种类多。复合肥养分总量一般比较高，营养元素种类较多，一次施用复合肥，至少可以同时供应两种以上的主要营养元素。

（2）结构均匀。养分分布比较均一，释放均匀，肥效稳而长。由于副成分少，对土壤的不利影响小。

(3) 物理性状好。复合肥一般多制成颗粒，与粉状或结晶状的单元肥料相比，颗粒状复合肥结构紧密，吸湿性小，不易结块，便于施用，特别便于机械化施肥，能节省施肥时间。

(4) 适用范围广。复合肥既可以做基肥和追肥，又可以用于种肥，适用的范围比较广。

(5) 贮运和包装方便。由于复合肥有效成分含量比一般单元肥料高，含同等养分含量的肥料体积小，所以能节省包装及贮存运输费用。

(6) 肥料利用率高。在复合肥料的生产过程中往往会加入有助于作物生长及养分吸收的增效剂，或用新原料、新工艺开发出新型产品来提高肥料的利用率。

(二) 复合肥料缺点

(1) 养分比例固定，一种肥料难以满足各类土壤和各种作物的需要。

(2) 各种养分在土壤中运动速率各不相同，被保持和流失的程度不同，难以满足作物某一时期对某一养分的特殊要求，不能发挥各养分的最佳施用效果。

第二节　生产工艺

一、设备材料

生产复肥产品的企业应具备规定的基本生产条件，内容包括：生产设备和检验设备等。大多数复肥生产企业以生产混合复合肥料（复合肥料）和掺混复合肥料（掺混肥料）为主，生产许可证管理也将这两种复合肥料分成复合肥料和掺混肥料两个单元。

(一) 生产设备

企业生产复合肥料产品应具备的生产设备见表 1-5。

表 1-5 企业生产复合肥料产品应具备的生产设备

产品单元	设备名称	设备要求
复合肥料	1. 配料计量设备 2. 混合设备或化学合成设备 3. 造粒设备 4. 干燥设备 5. 冷却设备 6. 干燥机进出口风温度测定仪 7. 成品筛分设备 8. 成品包装设备 9. 成品包装计量设备 10. 从配料计量到产品包装形成连续的机械化生产线 11. 气体除尘净化回收设备 12. 排风设备	1. 造粒设备：采用圆盘造粒工艺的，圆盘直径≥3m 或者配备两个直径≥2.8m 的圆盘；采用转鼓造粒工艺的，转鼓造粒机直径≥1.5m。采用挤压造粒工艺的，挤压造粒机产品说明书中规定的产能≥5 万 t/年或同一条生产线不同挤压机混合后总和产能≥5 万 t/年；采用高塔造粒工艺的，高塔直径≥9m 2. 干燥设备：干燥机至少一台，直径≥1.5m，长度≥15m 3. 冷却设备（包装前物料温度≤50℃）：冷却机至少一台，直径≥1.2m，长度≥12m

企业生产掺混肥料产品应具备的生产设备见表 1-6。

表 1-6 企业生产掺混肥料产品应具备的生产设备

产品单元	设备名称	设备要求
掺混肥料	1. 筛分设备 2. 自动配料计量设备 3. 混合设备 4. 成品包装设备 5. 成品包装计量设备 6. 从自动配料计量到产品包装形成连续的机械化生产线	自动配料计量设备：必须是自动配料装置（有自动控制系统），配料口≥3 个

企业生产有机无机复混肥料产品应具备的生产设备见表 1-7。

表 1-7　企业生产有机无机复混肥料产品应具备的生产设备

产品单元	设备名称	设备要求
有机无机复混肥料	1. 原料粉碎设备 2. 配料计量设备 3. 混合设备 4. 造粒设备 5. 干燥设备 6. 冷却设备 7. 干燥机进出口风温度测定仪 8. 成品筛分设备 9. 成品包装设备 10. 成品包装计量设备 11. 从配料计量到产品包装形成连续的机械化生产线 12. 气体除尘净化回收设备 13. 排风设备 14. 无害化处理设备设施	1. 造粒设备：采用圆盘造粒工艺的，圆盘直径≥2.8m；采用转鼓造粒工艺的，转鼓造粒机直径≥1.2m；采用挤压造粒工艺的，挤压造粒机产品说明书中规定的产能≥2万t/年或同一条生产线不同挤压机混合后总和产能≥2万t/年 2. 干燥设备：干燥机至少一台，直径≥1.2m，长度≥12m 3. 冷却设备（包装前物料温度≤50℃）：冷却机至少一台，直径≥1.0m，长度≥10m 4. 无害化处理设备设施为自产有机质原料需要进行无害化处理时适用

注：1. 以上生产设备表格为企业应具备的基本生产设备，可与上述设备名称不同，但应满足上述设备的功能、性能、精度要求。

2. 以上为典型工艺应必备的生产设备，对采用非典型生产工艺的企业，审查时可按企业工艺设计文件规定的生产设备进行。

3. 无干燥工序的复合肥料和有机无机复混肥料生产工艺，生产设备中干燥设备、冷却设备和干燥机进出口风温度测定仪不作要求。

4. 同一条生产线、同一套检测仪器仅限于一家企业的生产许可证申请。同一企业的复合肥料、掺混肥料申请单元可以共用混合设备、成品包装设备等。

5. 企业生产具有缓控释功能的复合肥料还应具备缓释剂配制设备和喷涂设备。

（二）检验设备

企业生产复合肥料产品应具备的检验设备见表1-8。

表 1-8　企业生产复合肥料产品应具备的检验设备

产品单元	检验项目	检验设备	精度或测量范围
复合肥料	总氮	消化仪器	1 000mL圆底蒸馏烧瓶（与蒸馏仪器配套）和梨形玻璃漏斗
		蒸馏仪器	—
		防爆沸装置	—
		消化加热装置	—

（续表）

产品单元	检验项目	检验设备	精度或测量范围
复合肥料	总氮	分析天平	精度 0.1mg
		蒸馏加热装置	—
		滴定管	50mL
	有效磷	电热恒温干燥箱	180℃±2℃
		玻璃坩埚式滤器	4 号，容积 30mL
		恒温水浴振荡器	60℃±2℃
		分析天平	精度 0.1mg
	氧化钾	玻璃坩埚式滤器	4 号，容积 30mL
		电热恒温干燥箱	120℃±5℃
		分析天平	精度 0.1mg
	水分	电热恒温真空干燥箱（真空烘箱）	50℃±2℃，真空度可控制在 6.4×10^4～7.1×10^4Pa
		带磨口塞称量瓶	直径 50mm，高度 30mm
		分析天平	精度 0.1mg
	粒度	试验筛	孔径为 1.00mm、4.75mm 或 3.35mm、5.60mm
		天平	感量为 0.5g
	氯离子	滴定管	50mL
		分析天平	精度 0.1mg
	缩二脲	电热恒温干燥箱	105℃±2℃
		超声波清洗器	—
		恒温水浴	30℃±5℃
		分光光度计	—

企业生产掺混肥料产品应具备的检验设备见表 1-9。

表 1-9　企业生产掺混肥料产品应具备的检验设备

产品单元	检验项目	检验设备	精度或测量范围
掺混肥料	总氮	消化仪器	1 000mL 圆底蒸馏烧瓶（与蒸馏仪器配套）和梨形玻璃漏斗
		蒸馏仪器	—
		防爆沸装置	—
		消化加热装置	—
		分析天平	精度 0.1mg
		蒸馏加热装置	—
		滴定管	50mL

（续表）

产品单元	检验项目	检验设备	精度或测量范围
掺混肥料	有效磷	电热恒温干燥箱	180℃±2℃
		玻璃坩埚式滤器	4号，容积30mL
		恒温水浴振荡器	60℃±2℃
		分析天平	精度0.1mg
	氧化钾	玻璃坩埚式滤器	4号，容积30mL
		电热恒温干燥箱	120℃±5℃
		分析天平	精度0.1mg
	水分	电热恒温真空干燥箱（真空烘箱）	50℃±2℃，真空度可控制在6.4×10^4~7.1×10^4Pa
		带磨口塞称量瓶	直径50mm，高度30mm
		分析天平	精度0.1mg
	粒度	试验筛	孔径为1.00mm、4.75mm或3.35mm、5.60mm
		天平	感量为0.5g
	氯离子	滴定管	50mL
		分析天平	精度0.1mg

企业生产有机无机复混肥料产品应具备的检验设备见表1-10。

表1-10　企业生产有机无机复混肥料产品应具备的检验设备

产品单元	检验项目	检验设备	精度或测量范围
有机无机复混肥料	总氮	消化仪器	1 000mL圆底蒸馏烧瓶（与蒸馏仪器配套）和梨形玻璃漏斗
		蒸馏仪器	—
		防爆沸装置	—
		消化加热装置	—
		分析天平	精度0.1mg
		蒸馏加热装置	—
		滴定管	50mL
	有效磷	电热恒温干燥箱	180℃±2℃
		玻璃坩埚式滤器	4号，容积30mL
		恒温水浴振荡器	60℃±2℃
		分析天平	精度0.1mg

（续表）

产品单元	检验项目	检验设备	精度或测量范围
有机无机复混肥料	氧化钾	玻璃坩埚式滤器	4号，容积30mL
		分析天平	精度0.1mg
		电热恒温干燥箱	120℃±5℃
	水分	电热恒温真空干燥箱（真空烘箱）	50℃±2℃，真空度可控制在$6.4\times10^4\sim7.1\times10^4$Pa
		带磨口塞称量瓶	直径50mm，高度30mm
		分析天平	精度0.1mg
	粒度	试验筛	孔径为1.00mm、4.75mm或3.35mm、5.60mm
		天平	感量为0.5g
	有机质	水浴锅	—
		滴定管	50mL
		分析天平	精度0.1mg
	酸碱度	pH酸度计	灵敏度为0.01pH单位
		分析天平	精度0.01g
	氯离子	滴定管	50mL
		分析天平	精度0.1mg

注：1. 以上检测设备为企业必备的检验设备，可与上述设备名称不同，但应满足上述设备的功能、性能、精度要求。

2. 水分测定也可使用卡尔·费休法，所需检测仪器可由卡尔·费休法规定的仪器替代真空烘箱法所需仪器设备。

3. 企业如果使用氮、磷、钾自动分析仪法对肥料中氮、磷、钾含量进行测定，氮、磷、钾检测仪器可由氮、磷、钾自动分析仪替换。

4. 当企业生产具有缓控释功能复肥、硝基复肥、腐植酸复肥、海藻酸复肥时还应按照相应标准要求具备相应检验仪器设备。

5. 当复合肥料生产企业生产时不以尿素为原材料，检验设备可不需要分光光度计和超声波清洗器。

6. 型式检验项目可进行委托检验，如企业和具备相关资质的检验机构签订了委托检验协议，型式检验项目所需仪器可不作要求。

二、工艺流程

（一）复合肥料生产方法

1. 料浆法

以磷酸、氨为原料，利用中和器、管式反应器将中和料浆在氨化粒化器中进行涂布造粒，在生产过程中添加部分氮素和钾素以及其他物质，再经干燥、筛分、冷却而得到氮磷钾复合肥产品，这是国内外各大化肥公司和工厂大规模生产常采用的生产方法。磷酸可由硫酸分解磷矿制取，有条件时也可直接外购商品磷酸，以减少投资和简化生产环节。该法的优点是：既可生产磷酸铵也可生产氮磷钾肥料，也充分利用了酸、氨的中和热蒸发物料水分，降低造粒水含量和干燥负荷，减少能耗。此法的优点是：生产规模大，生产成本较低，产品质量好，产品强度较高。由于通常需配套建设磷酸装置及硫酸装置，建设不仅投资大，周期长，而且涉及磷、硫资源的供应和众多的环境保护问题（如磷石膏、氟、酸沫、酸泥等），一般较适用于在磷矿加工基地和较大规模生产、产品品数不多的情况。如以外购的商品磷酸为原料，则目前稳定的来源和运输问题及价格因素是不得不考虑的。近年来，由于我国磷酸工业技术和装备水平的提高，湿法磷酸作为商品进入市场有了良好的条件，在有资源和条件的地区建立磷酸基地，以商品磷酸满足其他地区发展高浓度磷复肥的需要，正在形成一种新的思路和途径，市场需求必将促进这一行业发展，也必将解决众多地区原料磷酸的需求问题。

2. 固体团粒法

以单体基础肥料如尿素、硝铵、氯化铵、硫铵、磷铵（磷酸一铵、磷酸二铵、重钙、普钙）、氯化钾（硫酸钾）等为原料，经粉碎至一定细度后，物料在转鼓造粒机（或圆盘造粒机）的滚动床内通过增湿、加热进行团聚造粒，在成粒过程中，有条件的还可以在转鼓造粒机加入少量的磷酸和氨，以改善成粒条件。造粒物料经干燥、筛分、冷却即得到氮磷钾复合肥料产品，这也是国际广泛采用的方法之一，早期的美国及印度、日本、泰国等东南亚国家均采用此法生产。

该法原料来源广泛易得，加工过程较为简单，投资少，生产成本低、上手快，生产灵活性大，产品的品位调整简单容易，通用性较强，采用的原料均为固体，对原材料的依托性不强。由于是基础肥料的二次加工过程，因此几乎不存在环境污染问题。由于我国目前的基础肥料大部分为粉粒状，因此，我国中小型规模的复合肥厂大多采用此种方法。目前，该种生产技术在国内已日趋成熟。

3. 部分料浆法

近年来，在TVA尿素、硝铵半料浆法及团粒法的基础上，国内又发展了利用尿液或硝铵溶液的喷浆造粒工艺，即部分料浆法。该技术利用了尿素和硝铵在高温下能形成高浓度溶液的特性，由于尿液或硝铵溶液温度高，溶解度大，液相量大的特点，以尿液或硝铵浓溶液直接喷入造粒机床层中，利用尿液或硝铵溶液提供的液相与其他固体基础肥料和返料一起进行涂布造粒，这样可以减少水或蒸汽的加入量，减少造粒物料的水含量，同样也达到减少造粒水含量、干燥负荷和减少能耗的目的。造粒物料经干燥、筛分、冷却即得到（尿基或硝基）复合肥料产品。

4. 融熔法

熔体油冷造粒制高浓度尿基复合肥生产技术是利用尿素厂的中间产品尿素溶液，配以磷铵、钾盐，开发成高质量、低能耗、少污染的高浓度尿基复合肥的生产技术—熔体造粒工艺。熔体造粒工艺在化肥生产中已得到应用，如尿素塔式喷淋造粒、硝酸磷肥塔式喷淋造粒和双轴造粒、硝铵塔式喷淋造粒、尿磷铵塔式喷淋造粒等。但该工艺用于制造高浓度尿基复合肥料在国内尚属空白，这一工艺不需要传统复合肥生产装置中投资及能耗最大的干燥系统，而且由于尿素及尿素基复合肥的特性使然，特别适合尿基高氮比的三元（氮、磷、钾）和二元（氮、钾或氮、磷）高浓度复合肥的生产。与常用的复合肥料制造工艺相比，熔体造粒工艺具有以下优点。①直接利用尿素熔体，省去了尿素熔体的喷淋造粒过程，以及固体尿素的包装、运输、破碎等，简化了生产流程。②熔体造粒工艺充分利用原熔融尿素的热能，物料水分含量很低，无需干燥过程，大大节省了能耗。③生产中合格产品颗粒百分含量很高，因此生产过程返料量少（几乎没有）。④产品颗粒表面光滑、圆润、水分低（小于1%），不易结块和颗粒抗压强度大（大于30N），具有较高的市场竞争力。⑤操作环境好，无三废排放，属清洁生产工艺。⑥可生产高氮比尿基复合肥产品。

5. 掺混法

根据养分配比要求，以各种不发生明显化学反应、颗粒度和圆度基本一致的氮、磷、钾各固体基础肥料为原料，通过一定的掺混方法配制成养分分布均匀的掺混肥料，该法加工过程简单，装置投资费用及加工费用比较低，原料肥料仍然保持原状，比较直观，养分比例易于调整，是一种非常实用易于推广的方法。但是其缺点是肥料在运输和施用过程中易于产生氮磷钾肥的分离，肥料易于吸湿结块，因此，此法在生产、储运、使用时十分强调各种基础原料的颗粒尺寸、重度和圆度基本一致、不致发生混合物结块粉碎和低吸湿点的现象。研究表明：均匀肥中的 P_2O_5、K_2O 与掺混肥中的 P_2O_5、K_2O 被作物根部吸收的速度不同（6 倍、4.6 倍），在肥效上有点差异。掺混肥料行业是化肥生产、销售和农业生产达到较高的水平后才得以实现的产肥、用肥的方式。它可以降低化肥分配、销售费用，使农业施肥科学化，有益于应对过度施肥造成的资源浪费和化肥污染的问题。

6. 挤压法

挤压造粒是固体物料依靠外部压力进行团聚的干法造粒过程。它具有如下优点。①生产过程一般不需要干燥和冷却过程，特别适合于热敏性物料，同时可节约投资和能耗。②操作简单，生产时无三废排放。③能生产出比一般复合肥浓度更低的高浓度复合肥，生产中也可根据需要添加有机肥和其他营养元素。但挤压造粒法也有不足的地方。①作为挤压造粒的关键设备——挤压机，由于设备制造和受压件的材质等问题，生产时材料消耗大，故障率高。②挤压机的生产能力小，很难实现规模生产。因此，该法一般用于 3 万 t/年以下的生产规模。该法目前主要用于稀土碳铵等复肥。

（二）复合肥料造粒工艺

1. 转鼓造粒

转鼓造粒又叫滚筒造粒，转鼓造粒机是复合肥生产设备类型中应用最广泛的一种设备。主要工作方式为团粒湿法造粒，通过一定量的水或蒸汽，使基础肥料在筒体内调湿后充分发生化学反应，在一定的液相条件下，借助筒体的旋转运动，使物料粒子间产生挤压力团聚成球。

2. 圆盘造粒

圆盘造粒是最基础的造粒方法，圆盘造粒的工艺原理是将所有原料混合后进入圆盘造粒，圆盘通过转动使物料团聚成球。圆盘造粒的特点是设备简单，投资少，上手快。圆盘造粒的缺点是只适合小规模生产，效率低下，日产量只有几十吨，而且配方有限制，需要有黏性物料，只适合做低浓度肥料。

3. 喷浆造粒

喷浆多是指尿素喷浆，是把尿素熔融后喷淋到复合肥造粒装置中，减少尿素粉碎环节，如果和尿素厂接通尿液管道就更节省费用了。肥料溶解快，大部分都是高氮配方，氮素大于20%。

4. 氨化造粒

氨化造粒复合肥是采用氨化、二次脱氯造粒生产工艺，原理是将氯化钾与硫酸加入反应槽加热并在一定条件下反应，逸出的HCl气体经水吸收后可制得一定浓度的盐酸，生成的硫酸氢钾与稀磷酸混合后形成混酸。将该混酸与合成氨按比例在管式反应器反应，生成复肥料浆直接喷入转鼓造粒机中生成氮、磷、钾一定比例的硫基复合肥。该法具有造粒均匀、色泽光亮、质量稳定、养分足、易溶解和易被作物吸收等特点，特别是作种肥对种子相对安全。

5. 高塔造粒

高塔是把复合肥原料高温熔浆或者变成熔浆混合物，从高空抛撒，在散落时表面张力原因变成球状。再筛分。颗粒因为经受高温过程水分少，不容易结块。物料充分混合反应，颗粒晶莹，卖相好。反应物料需要高纯，多高浓度配方，尿素比例也相对较高。

三、质量控制

（一）原料控制

复合肥料的主要养分为 N、P_2O_5、K_2O 三种，相应的原料也分为氮源、磷源、钾源。

1. 原料的选用

在复合肥料生产中，应该按照需求来确定所用原料种类。不同作物种类、不同生长时期、不同土壤状况，需要的养分不同。合理确定肥料养分配比、养分总含量，综合考虑生产成本、作物生产习性、作物生长时期等因素，选择合适的原料进行生产，可以达到有利于作物生长、改善土壤养分状况、降低生产成本的效果。

（1）氮源

用于复合肥料生产的氮源主要包括：尿素、氯化铵、硫酸铵、硝酸铵等原料。

a. 尿素

尿素化学式为 CH_4N_2O，含氮量≥45.0%，是由碳、氮、氧、氢组成的有机化合物，白色晶体，易溶于水。尿素是一种高浓度氮肥，属中性速效肥料，易保存，使用方便，是使用量较大的一种化学氮肥。适用于各种土壤和植物，对土壤的破坏作用小，在土壤中不残留任何有害物质，长期施用没有不良影响。我国规定肥料用尿素缩二脲含量应小于 0.5%。缩二脲含量超过 1%时，不能做种肥、苗肥和叶面肥，其他施用期的尿素含量也不宜过多或过于集中。在几种氮源中，尿素含氮量最高。尿素中不含氯离子，可以用于忌氯作物。含有缩二脲，缩二脲对发芽的种子有害，对柑橘等水果的生长不利，对一般农作物会烧苗。用尿素作为氮素原料成本相对较高，一般用于经济作物肥料的生产。

b. 氯化铵

氯化铵化学式为 NH_4Cl，含氮量≥23.5%，呈白色或略带黄色的方形或八面体小结晶，不易吸湿，易储存，属生理酸性肥料，因含氯较多而不宜在酸性土和盐碱土上施用，不宜用作种肥、秧田肥或叶面肥。单一氯化铵肥料具有较强的选择性，它具有比硫酸铵和碳酸铵更高的浓度，且氮的硝化作用比尿素或硫酸铵要缓慢，故氮的流失少。现在已有大量试验数据证明，就绝大多数农作物而言，等氮量的氯化铵肥效与尿素相比，一般来说没有明显差距，氯化铵作为复合肥料原料，含有氯离子，虽然氯是作物必需的 7 种微量元素之一，但氯含量偏高也会造成植物烧苗，尤其是对氯敏感的忌氯作物，如烟草、茶叶、柑橘、葡萄、甜菜、大蒜、薯类、瓜果及蔬菜等慎用。而玉米、小麦、棉花、水稻、高粱、油料作物等大田作物对氯不敏感，可以用氯化铵作为氮源。

c. 硫酸铵

硫酸铵化学式为 $(NH_4)_2SO_4$，含氮量为 20.8%，无色结晶或白色颗粒，无气味，有吸湿性，吸湿后固结成块。适用于各种土壤和作物，可作基肥、追肥和种肥。硫酸铵含氮量较低，复合肥料生产中，在保证有效 P_2O_5 达到一定含量的前提下，以硫酸铵为氮肥原料生产的复合肥料含氮量不会太高，通常在氮要求较低、总养分含量要求不高时应用。硫酸铵不含氯离子，可以用于烟草、茶叶、柑橘、葡萄、甜菜、大蒜、薯类、瓜果及蔬菜等忌氯作物。但复合肥料生产中用硫酸铵做原料成本较高，一般用于经济作物肥料的生产。

d. 硝酸铵

硝酸铵化学式为 NH_4NO_3，含氮量为 34.4%，呈无色无臭的透明晶体或白色晶体，极易溶于水，易吸湿结块，溶解时吸收大量热。硝酸铵是速效性氮肥，含铵态氮、硝态氮各 50%，施入土壤后，硝态氮不经转化直接被作物吸收，氨态氮可平稳供氮，肥效快且长。经济作物专用肥中含一定比例的硝态氮，对于提高经济作物产量和品质有重要作用。且硝态氮作物吸收快，促进作物枝叶生长，也可用于烟草专用肥的生产。纯硝酸铵在常温下是稳定的，对打击、碰撞或摩擦均不敏感。但在高温、高压和有可被氧化的物质（还原剂）存在及电火花下会发生爆炸，在生产、贮运和使用中必须严格遵守安全规定。

（2）磷源

用于复合肥料生产的磷源主要包括：磷酸一铵、过磷酸钙、磷酸二铵、钙镁磷肥等原料。

a. 磷酸一铵

磷酸一铵化学式为 $NH_4H_2PO_4$，是一种白色的晶体，在土壤中呈酸性。磷酸一铵是一种高浓度氮-磷二元复合肥料，养分总含量高，优等品、一等品、合格品规格分别为 11-47-0、11-44-0、10-42-0。磷酸一铵具有不易吸湿、不易结块、热稳定性好等良好的物理性能，与绝大多数肥料有良好的相配性，所以它比磷酸二铵更适合加工制造成各种规格的 N-P 或 N-P-K 粒状混合肥料和散装混合肥料。磷酸一铵 P_2O_5 含量较高，用于 P_2O_5 含量较高的复合肥料的生产。且磷酸一铵为粉剂，用于复合肥料生产时可以省去粉碎环节，方便直接造粒。与种子过于接近可能产生不良影响。

b. 过磷酸钙

过磷酸钙主要有用组分是磷酸二氢钙的水合物 $Ca(H_2PO_4)_2 \cdot H_2O$ 和少量游离的磷酸，还含有无水硫酸钙组分（对缺硫土壤有用），含 $P_2O_5 \geq 16.0\%$，灰色或灰白色粉料（或颗粒），属于水溶性速效磷肥。过磷酸钙 P_2O_5 含量相对较低，通常在 P_2O_5 要求低、总养分含量要求低时应用（通常总养分含量在 45%以下时）。因过磷酸钙原料中含有中量元素硫和钙，硫和钙元素也是作物生长所需，当作物有硫和钙元素需求时，选用过磷酸钙做为磷源，在补充氮磷钾等大量元素养分的同时可以补充中量元素硫和钙，肥料施用效果更好。

c. 磷酸二铵

磷酸二铵分子式 $(NH_4)_2HPO_4$，易溶于水。磷酸二铵也是一种高浓度氮-磷二元复合肥料，养分总含量高，传统法优等品规格为 18-46-0，料浆法优等品规格为 16-44-0。磷酸二铵为颗粒状，用于复合肥料生产时，需要粉碎后与其他原料混合再造粒，因此较少用于复合肥料生产，多用于掺混肥料生产，广泛适用于蔬菜、水果、水稻和小麦。

d. 钙镁磷肥

钙镁磷肥是一种含有磷酸根的硅铝酸盐玻璃体，灰绿色或灰棕色粉末，是一种多元素肥料。钙镁磷肥不溶于水，无毒，无腐蚀性，不吸湿，不结块，为化学碱性肥料。它广泛地适用于各种作物和缺磷的酸性土壤，特别适用于南方钙镁淋溶较严重的酸性红壤土。在钙镁磷肥中，一般含有 P_2O_5（12%~20%）、K_2O（0.5%~1.0%）、MgO（8%~18%）、SiO_2（0~35%），CaO（25%~40%）以及少量的 Mn、B、Cu、Fe、Mo、Zn 等作物所需的微量元素。在以钙镁磷肥为主要原料生产的复合肥料中，生成物 $Ca(H_2PO_4)_2 \cdot H_2O$、$Mg(H_2PO_4)_2 \cdot H_2O$ 都是水溶性的 P_2O_5，因而使产品中的水溶性磷增加到了 1%~2%。水溶性磷的存在，改善了作物对苗期供给磷素的需要，钙镁磷肥中的枸溶性磷虽不溶于水，但能被土壤中的酸性介质和植物分泌的根酸溶解，可供作物正常生长发育的磷素需要，而且不易被土壤中的铁、铝化合而固定。因此在酸性土壤中，枸溶性磷比水溶性磷的肥效更高、更持久。以钙镁磷肥为主要原料生产的复合肥料营养成分比较全面，它除了有作物所需的大量元素 N、P_2O_5、K_2O 以外，同时还含有作物生长所需的中量元素 MgO、CaO、SiO_2 和微量元素 Fe、Mn、Zn、Cu、Mo、B 等有益成分。

（3）钾源

用于复合肥料生产的钾源主要包括：硫酸钾、氯化钾等原料。

a. 硫酸钾

硫酸钾化学式为 K_2SO_4，含 $K_2O \geq 45.0\%$，硫酸钾纯品是无色结晶体，农用硫酸钾外观多呈淡黄色，吸湿性小，不易结块，便于储存和运输，是很好的水溶性钾肥。作为复合肥料的原料，使用加工均比较方便。硫酸钾的盐指数比氯化钾低得多。而硫酸钾没有氯化钾的弊端，可以成功地用于干旱、盐碱及缺硫土壤。硫酸钾除提供作物钾养分外，还含有对植物生长起促进作用的硫酸根离子，它是植物所需硫养分的重要来源。更由于其不含氯，是忌氯作物烟草、茶叶、柑橘、葡萄、甜菜、大蒜、薯类、瓜果及蔬菜的优良钾肥。但原料价格较贵，生产成本较高，一般用于经济作物肥料的生产。

b. 氯化钾

氯化钾化学式为KCl，含K_2O≥55.0%。外观如同食盐，无臭、味咸，有吸湿性，易结块。氯化钾肥效快，直接施用于农田，能使土壤下层水分上升，有抗旱的作用。不适宜冻土带作物，经常使用会导致土壤中氯化物大量积聚，破坏土壤结构，加速土壤酸性化和盐渍化，土壤缺水时又易造成过肥现象。氯化钾作为复合肥原料时因其含有氯离子，不适用于忌氯作物，如烟草、茶叶、柑橘、葡萄、甜菜、大蒜、薯类、瓜果及蔬菜，而玉米、小麦、棉花、水稻、高粱、油料作物等大田作物对氯不敏感，且氯化钾用于复合肥料生产成本较低，可以用氯化钾作为钾源。

需要注意的是，复合肥料生产中，氮源氯化铵和钾源氯化钾两种原料中都含有氯离子，而高氯复合肥料应用有限，为了使肥料产品氯离子含量不至于过高，一般不同时使用氯化铵和氯化钾作为原料，用氯化铵做为氮源时一般不同时用氯化钾作为钾源，用氯化钾做为钾源时一般不同时用氯化铵作为氮源。

从生产成本的角度来看，以提供单独元素单位养分来计，N的单位成本顺序是硝酸铵>硫酸铵>尿素>氯化铵；P_2O_5的单位成本顺序是磷酸二铵>过磷酸钙（钙镁磷肥）>磷酸一铵；K_2O的单位成本顺序是硫酸钾>氯化钾。但磷酸一铵和磷酸二铵在提供P_2O_5的同时提供不同量的N，成本计算时需要综合考虑。而且原料价格波动较大，实际生产时需根据原料的实际价格进行具体成本核算。

综上所述，复合肥料生产中原料的选择非常重要，要根据土壤状况（养分含量、酸度情况、盐碱状况等）、作物种类（养分需求、是否忌氯、缩二脲影响程度等）、养分配比（N、P_2O_5、K_2O每种养分的含量高低），综合考虑作物生产习性、作物生长时期、生产成本等因素选择合适的原料，既可以改良土壤、提高施用效果，又可以降低生产成本。

2. 原料的质量控制

（1）原料的采购控制

在复合肥料生产中，正确选用原料并严格控制原料质量是生产高质量复合肥料的重要前提。原料质量的好坏，很大程度上决定了产品的质量。根据需要合理确定肥料养分配比，正确选用原料并严格控制质量，才能生产出优质高效的复合肥料。原料的采购控制主要注意以下几个环节。

a. 选择供应商

选择生产能力强、资质齐全、信誉优良的厂家或经销单位作为供应商，是保证原料质量的前提条件。原料采购前，应责成专人或部门对原料供应方进行综合评价，包括：生产能力、交货期、信誉程度、供货业绩及质量、环境管理体系状况（质量体系认证证书、企业简介材料等）；此类产品的历史使用情况或其他方面（价格合理、顾客满意度等）；资质等级、营业范围（生产许可证、资质证书、营业执照）；相关的服务和技术支持能力（零配件供应、维修服务、售后服务）等方面，选择具有资质、质量稳定、服务良好的原料供应商，作为合格供应商，建立合格供应商档案，并定期进行评价，根据评价结果进行新增或淘汰供应商。

b. 原料采购

根据生产需求合理确定所需原料，进行原料采购。不同土壤状况、不同作物种类、不同生长时期，需要的养分不同。根据土壤养分含量、作物种类、所需养分类型、不同生长时期等确定肥料配比、养分含量，综合考虑生产成本、作物生产习性（氯含量、缩二脲含量是否会造成伤害）等因素确定原料种类和用量，选择具有相应优势的合格供应商进行原料采购。

c. 原料验收

复合肥料生产中，原料从采购到确认为合格原料入库，主要流程如下：

原料入厂→库房保管验收初判→化验室检验判定→入库标识

通过验收确保原材料的质量。原料到货后，检查产品标识（原料名称、执行标准、商标、养分含量、品类等级、生产厂家等内容）与采购信息是否相符；检验报告、质量证明材料是否齐全；肥料外观（颜色、颗粒或结晶均一，无明显结块现象，无可见其他杂质）是否符合要求；肥料数量是否正确等，验收无误后入库。

（2）原料的检验控制

原辅材料到货后，保管员认真核对原辅材料的供货信息和质量标准进行验收，如需进行检测时向化验室进行报检。化验室接到报检通知，严格按照标准进行取样，注意取样数量和代表性，按标准进行样品的制备和留样，根据不同原材料执行标准规定的检验方法进行检验。检验工作要认真规范，根据检验结果对原材料质量进行判定，如果合格判定为合格原材料，如果不合格进行复检，若供应商对检验结果存在异议，需要双方协商后送有资质的第三方进行检验。

（3）原料的处置

判定为合格的原材料，检测结果提交生产技术部，保管员将该批次原料待检标识更换为合格品标识；判定为不合格的，由另一名化验员进行复检（必要时重新取样），如果仍不合格，将检测结果提交生产技术部和供销部进行评审，进行退换货或者让步接收处理。如果供方对化验室检验结果存在异议，需要第三方验证，则由供销部组织相关人员取样，送有资质的第三方检验机构进行检验。对于没有检测能力的原料，需要向供货方索取该批货物的合格检验报告，必要时送有资质的第三方检验机构进行检验。

综上所述，原料入厂后，库房保管员按照规定对原料进行验收初判，如需检验向化验室进行报检，化验员按照原料相应标准进行抽样、检验、判定，合格后作为合格原料备用，不合格按规定进行处置。严格对采购的原料进行质量控制，保证复肥生产中原料的质量，才能为生产合格优质的复肥产品打下基础。

（二）生产控制

对生产过程的控制也会影响复合肥料的产品质量。严格按照操作规程进行正确操作，保证计量投料准确、混合均匀、筛分造粒符合要求、烘干充分、包装准确都是保证复合肥料质量的重要因素。

1. 工艺流程（图 1–1、图 1–2）

复合肥料典型生产工艺流程是按照肥料配比，计算氮、磷、钾等原辅材料投入量，将氮、磷、钾等原辅材料计量混合，然后进行粉碎、造粒、烘干、冷却、筛分、包装的过程。成品入库检验合格后出厂销售，检验不合格进行返工处理。复合肥料生产过程中，计量混合和烘干为关键质量控制点。严格控制计量混合和烘干两个关键质量控制点的各项指标，保证投料准确、烘干充分，才能保证养分含量和水分含量达标，从而保证复合肥料的产品质量。

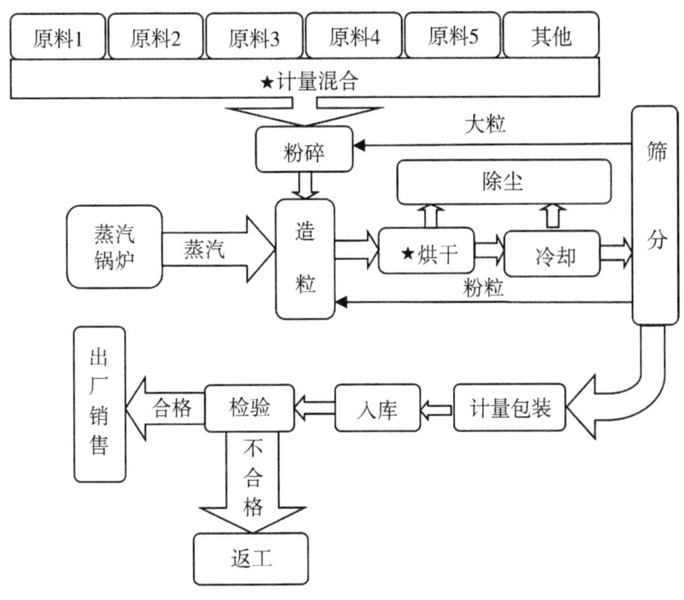

图 1-1　复合肥料（有机无机复混肥料）典型生产工艺流程

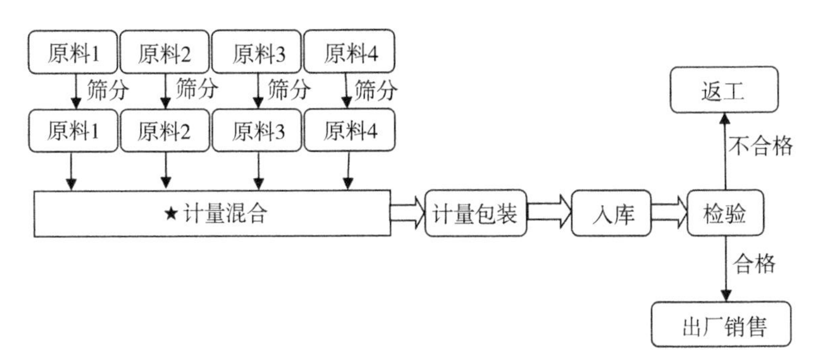

图 1-2　掺混肥料典型生产工艺流程

2. 操作控制

各生产岗位严格按照操作规程进行正确操作是保证复合肥料产品质量的重要方面。根据生产设备不同，复合肥料生产岗位会有不同。以复合肥料典型工艺流程为例，主要生产岗位包括：投料岗位、筛分岗位、配料岗位、粉碎岗位、造粒岗位、热风炉岗位、干燥冷却筛分岗位、包装岗位等。各岗位均要严格按操作规程的规定进行正确操作，但不同岗位又有其特殊要求。其中计量混合和烘干为生产中的关键质量控制点，这两个岗位人员的操作尤为重要。计量混合环节要求根据生产肥料养分配比，正确计算各种原辅材料投入量，将各种原辅材料按配方比例进行准确计量混合；另外，生产过程中要连续进料，料斗不得放空，并对设备运行时时监控，保证投料均匀，以保证产品的养分含量精确可控。烘干环节要求保持系统进出料连续稳定；烘干机入口温度、冷却机出口颗粒温度控制准确，以保证产品的水分含量达到要求。

（1）投料岗位

a. 岗位任务

按生产部下发的配方领料单和生产任务单，在仓库领用相应的原辅材料和包装材料，并运至对应的预混岗、筛分岗、投料岗或包装岗。

b. 作业要求

严格按照配方领料单中原辅材料的名称、规格、商标进行领料；原辅材料的领用和供应要根据使用进度持续供给，不得断料；原辅材料运输过程中，做好产品的防护工作，杜绝损坏和撒漏现象发生。

c. 不正常现象及处理方法（表 1-11）

表 1-11　投料岗位不正常现象及处理方法

序号	不正常现象	原因分析	处理方法
1	原材料包装破损	运输导致	轻微破损，进行捆扎后运送；破损较大时，串袋运送
2	叉车故障	设备故障	及时报修，更换备用车辆

（2）筛分岗位

a. 岗位任务

将领料岗运来的缓控尿素、大颗粒尿素、磷酸二铵、大颗粒氯化钾等原材料分别进行筛分，得到所需粒径颗粒，入库备用或运至配料岗位使用。

b. 作业要求

严格按照配方单和任务单所需原材料的品种和数量进行筛分；来料、出料按品种分开码放，标识清晰，杜绝误投错投、误码错码现象。

c. 不正常现象及处理方法（表1–12）

表1–12　筛分岗位不正常现象及处理方法

序号	不正常现象	原因分析	处理方法
1	筛分的合格颗粒中混有粉粒	筛网堵塞	清理筛网，把筛分的颗粒进行重新筛分
2	筛分的合格颗粒中混有大粒	筛网破损	停机后报修补或更换筛网

（3）配料岗位

a. 岗位任务

将各种原辅材料按配方比例进行计量混合。

b. 作业要求

计量准确，控制实际投料量与系统显示累积量误差；生产过程中进料连续，料斗不得放空；监控各设备运行情况（投料速度、物料循环周期、烘干机入口出口温度、机器电流等）。

c. 不正常现象及处理方法（表1–13）

表1–13　配料岗位不正常现象及处理方法

序号	不正常现象	原因分析	处理方法
1	计算机无法启动	计算机故障	计算机维修；启动手动设置
2	计量皮带无料	进料不畅	料斗加料，清理下料口
3	皮带跑偏	传动系统运行不畅	调节张紧装置，清理积料，调整滚筒平等度

（续表）

序号	不正常现象	原因分析	处理方法
4	系统显示累积投料量偏差大	秤计量有误差	校秤，重新设定转换系数
5	某设备电流超限	设备超负荷	检查设备，清理物料黏结

（4）粉碎岗位

a. 岗位任务

负责原料及返料的破碎，为造粒岗位提供合格的物料。

b. 作业要求

按照要求控制出料的粒度。

c. 不正常现象及处理方法（表 1–14）

表 1–14 粉碎岗位不正常现象及处理方法

序号	不正常现象	原因分析	处理方法
1	粉碎机声音异常	粉碎机运行问题	清理机内积料及下料口，必要时停机清理
2	粉碎机出口物料粒径过大	粉碎不充分	降低投料量，粉碎机链条缺损需要更换

（5）造粒岗位

a. 岗位任务

完成混合物造粒操作，制备符合粒度要求的复合肥物料。

b. 作业要求

根据物料量、物料组分和烘干温度，协调前后岗位调整水汽用量，以达到最终稳定高效的成粒效果。

c. 不正常现象及处理方法（表 1–15）

表 1–15 造粒岗位不正常现象及处理方法

序号	不正常现象	原因分析	处理方法
1	造粒机齿轮有周期性噪声	大、小齿轮啮合不好或侧隙过小	调整大小齿轮的相对位置，保证齿轮接触面积，齿顶和齿侧间隙

（续表）

序号	不正常现象	原因分析	处理方法
2	齿轮有冲击声	①托轮磨损严重 ②小齿轮磨损严重	①调整前后托轮装置各自一组托轮的间距，外圆不平整，光结度低，应精车托轮外圆 ②小齿轮调向或更换
3	筒体振动或轴向窜动量过大	①托轮装置与底板联结螺栓松动 ②托轮位置变动	①拧紧连接螺栓 ②校正托轮位置
4	挡轮磨损严重	筒体轴向力过大	调整托轮使挡轮与轮带尽可能少接触
5	轴承温升过大	①缺油 ②轴承有脏物 ③轴承间隙过大 ④轴承滚珠损坏	①加油 ②清除脏物 ③调整轴承间隙 ④更换轴承
6	出料粒度过大	①液相量过大 ②进粒粒度过大	①高速加汽、水量 ②通知破碎岗位，调整出料粒度
7	出料粒度过小	①液相量不足 ②物料在造粒机内停留时间太短，挡板损坏	①调整加汽、水量 ②调整进粒量，维修造粒机挡板

（6）热风炉岗位

a. 岗位任务

负责热风炉的操作，向干燥岗位提供符合工艺要求的热风。

b. 作业要求

定时检查气压情况，保证燃烧情况良好；观察烘干机出口物料状况，适时调整炉温。

c. 不正常现象及处理方法（表 1-16）

表 1-16 热风炉岗位不正常现象及处理方法

序号	不正常现象	原因分析	处理方法
1	炉子呈正压	风量过大	增大抽风量、减少鼓风量
2	干燥机出口物料颗粒强度小，水分高	干燥不充分	提高供热量或减少进料量
3	干燥机内物料熔结	温度过高	适当降温、减风

(7) 干燥冷却筛分岗位

a. 岗位任务

将造粒岗位输送来的经过造粒的复合肥进行干燥、冷却和筛分，将符合要求的成品复合肥输运到包装岗位，不符合要求的物料送破碎岗位重新破碎。同时对干燥机、冷却机尾气进行除尘。

b. 作业要求

开机后应及时调整操作条件，保持系统进出料连续稳定，各工艺指标在控制范围内；各设备运行指标控制（烘干机入口温度、烘干机出口温度、粉碎机电流、造粒机电流、烘干机电流、冷却机电流等）；冷却机出口颗粒温度小于50℃；颗粒强度符合要求；滚筒筛出口颗粒均一，无粉粒、大粒及杂物。

c. 不正常现象及处理方法（表1-17）

表1-17 干燥冷却筛分岗位不正常现象及处理方法

序号	不正常现象	原因分析	处理方法
1	干燥后物料含水量大	①供热不足 ②投料量过大	①增加供热量 ②减少投料量
2	物料在干燥机内出现熔结	①进口烟道气温过高或气量过大 ②进口物料含温量过高或波动过大	①降温、减风 ②通知造粒岗位调整工艺指标
3	干燥机尾气温度高	①进口气温高 ②投料量小 ③进口物料湿或含量低	①降温 ②加大投料量 ③通知造粒岗位调整操作条件
4	干燥机入口负压过大	①尾气风机蝶阀开度过大 ②热风机蝶阀开度过小	①减小蝶阀开度 ②增大开度
5	干燥机呈正压	①与上条相反 ②尾气系统堵塞，尾气管道结垢严重	①调整蝶阀开度 ②清理
6	成品温度高	①投料量过大 ②冷却系统管道结垢严重	①减少投料量 ②清理
7	成品中夹带较多细粉	①筛网堵塞 ②产品成粒率太低，滚筒筛负荷过重	①清理 ②协调各岗位，提高成球率

（续表）

序号	不正常现象	原因分析	处理方法
8	成品中出现大粒子	筛网局部破损	停车修补或更换筛网
9	尾气风机振动加剧	①风叶结垢 ②壳体结垢与叶轮磨损	①停车清理 ②停车清理
10	排空尾气带尘	①除尘间积料过多 ②除尘间通道堵塞	①清理 ②清理

（8）包装岗位

a. 岗位任务

按质按量地将本班生产的复肥进行计量包装入库。

b. 作业要求

检查缝包机（包括备用机）是否完好，下料口是否堵塞，确保设备完好，杜绝因本岗位设备故障，造成全系统停车；每隔一定时间用检定合格的计量称对自动计量秤校对一次，确保包装重量准确；保持成品清洁，码放整齐；按要求缝包。

c. 不正常现象及处理方法（表1-18）

表1-18　包装岗位不正常现象及处理方法

序号	不正常现象	原因分析	处理方法
1	包装颗粒混有粉粒或大粒	筛网堵塞或破损	①清理或修理滚筒筛 ②不合格颗粒返回冷却机出口
2	缝包断线	①线路穿错 ②缝包线质量差 ③缝包线拉得太紧 ④机针太高	①按要求重穿 ②换缝包线 ③调整至松紧适度 ④降低针杆高度

（三）检验控制

检验是控制复合肥料产品质量的重要手段。按标准进行取样和检验，保证样品的代表性和检测的准确性是保证产品质量的重要环节。原料检验可以详细了解原材料质量情况，保证用合格的原材料进行生产。过程检验可以及时发现生产中存在的问题，及时调整。成品检验可以控制成品质量，保证出厂产品为合格产品。

1. 检验内容

（1）原料检验

原辅材料到货后，保管员进行验收，如需进行检测时向化验室进行报检。化验室接到报检通知，按照标准进行取样，根据该原料的执行标准规定的方法和项目要求进行样品制备和检验。

a. 取样

化验室接到报检通知，到库房采样，取样需按照标准规范进行，进行样品的制备和留样。为保证样品的代表性，需要保证采样袋数。采样袋数确定原则如下。

不超过 512 袋时，按照表 1-19 确定采样袋数；超过 512 袋时，按式（1）计算结果确定最少采样袋数，如遇小数，则进为整数。

$$最少采样袋数 = 3 \times \sqrt[3]{N} \tag{1}$$

式中：N 为每批产品总袋数。

表 1-19　采样袋数的确定　　单位：袋

总袋数	最少采样袋数	总袋数	最少采样袋数
1～10	全部	182～216	18
11～49	11	217～254	19
50～64	12	255～296	20
65～81	13	297～343	21
82～101	14	344～394	22
102～125	15	395～450	23
126～151	16	451～512	24
152～181	17		

按表 1-19 或式（1）计算结果随机抽取一定袋数，用采样器沿每袋最长对角线插入至袋的 3/4 处，每袋取出不少于 100g 样品，每批采取总样品量不少于 2kg。将采取的样品迅速混匀，用缩分器或四分法将样品缩分到 1kg，再缩分成两份，分装于两个洁净、干燥的 500mL 具有磨口塞的广口瓶或聚乙烯瓶中（生产企业质检部门可用洁净干燥的塑料自封袋盛装样品），密封并贴上标签，注明生产企业名称、产品名称、批号或生产日期、采样日期、采样人姓名，一瓶作

产品质量分析，一瓶保存两个月，以备查用。

b. 检验

化验员根据不同原料执行标准规定的检验方法对相关项目进行检验（常用原料检验项目及标准方法见表1-20），并按照相应标准进行判定（常用原料判定标准见表1-21）。

表1-20　原料检验项目及检测方法

序号	原料名称	产品标准	检测项目	检测方法
1	农业用氯化铵	GB/T 2946	氮	GB/T 8572　蒸馏后滴定法
			水分	GB/T 2946　干燥法
2	硫酸铵	GB 535	氮	GB 535　蒸馏后滴定法
			水分	GB 535　重量法
3	农用尿素	GB 2440	总氮	GB/T 2441.1　蒸馏后滴定法
			粒度（2.00~4.75mm）	GB/T 2441.7　筛分法（大粒尿素检测）
4	过磷酸钙	GB 20413	有效磷	GB 20413　磷钼酸喹啉重量法
			水溶磷	GB 20413　磷钼酸喹啉重量法
			水分	GB 20413　烘箱干燥法
5	磷酸一铵	GB 10205	总养分	GB/T 10209.1　蒸馏后滴定法 GB/T 10209.2　磷钼酸喹啉重量法
			总氮	GB/T 10209.1　蒸馏后滴定法
			有效磷	GB/T 10209.2　磷钼酸喹啉重量法
	磷酸二铵		水溶性磷占有效磷百分比	GB/T 10209.2　磷钼酸喹啉重量法
			水分的质量分数	GB/T 10209.3　真空干燥箱法
			粒度（1.00~4.00mm）	GB/T 10209.4　筛分法（磷酸二铵检测项目）
6	氯化钾	GB 6549	氧化钾的质量分数	GB 6549　四苯硼钾重量法
			水分	GB 6549　烘箱干燥法
			粒度（1.00~4.00mm）	GB 6549　筛分法（大粒钾检测项目）
7	硫酸钾	GB 20406	氧化钾	GB 20406 四苯硼钾重量法
			氯离子	GB 20406 佛尔哈德法
			水分	GB 20406 重量法

注：表中执行标准，不标注日期，均执行最新版本。下表同。

表 1-21　常用原料判定标准

产品名称	标准号	等级	规格	指标及判定标准（%）≥					水分（%）≤	备注
				N	P_2O_5	K_2O	水溶磷/有效磷	总养分（N+P_2O+K_2O）		
农业用氯化铵	GB 2946	优等品	25.4	25.4					0.5	氮的质量分数以干基计
		一等品	24.5	24.5					1.0	氮的质量分数以干基计
		合格品	23.5	23.5					8.5	氮的质量分数以干基计
硫酸铵	GB 535	优等品	21.0	21.0					0.2	氮的质量分数以干基计
		一等品	21.0	21.0					0.3	氮的质量分数以干基计
		合格品	20.5	20.5					1.0	氮的质量分数以干基计
农用尿素	GB 2440	优等品	46.0	46.0						大颗粒尿素粒度（2.00~4.75mm）≥93%
		合格品	45.0	45.0						
磷酸二铵	GB 10205	传统法优等品（18-46-0）	64.0	17.0	45.0		87	64.0	2.5	粒度（1.00~4.00mm）≥90%
		料浆法优等品（16-44-0）	60.0	15.0	43.0		80	60.0	2.5	
粉状磷酸一铵		优等品（11-47-0）	58.0	10.0	46.0		80	58.0	3.0	料浆法
		一等品（11-44-0）	55.0	10.0	43.0		75	55.0	4.0	
		合格品（10-42-0）	52.0	9.0	41.0		70	52.0	5.0	
		优等品（9-49-0）	58.0	8.0	48.0		80	58.0	3.0	传统法
		一等品（8-47-0）	55.0	7.0	46.0		75	55.0	4.0	
过磷酸钙	GB 20413	优等品	18.0		18.0		75		12.0	
		一等品	16.0		16.0		70		14.0	

（续表）

产品名称	标准号	等级	规格	指标及判定标准（%）≥					水分（%）≤	备注
				N	P_2O_5	K_2O	水溶磷/有效磷	总养分（N+P_2O+K_2O）		
氯化钾	GB 6549	优等品（Ⅰ类）	62.0			62.0			2.0	大颗粒产品粒度（2.00~4.00mm）≥80%
		一等品（Ⅰ类）	60.0			60.0			2.0	
		合格品（Ⅰ类）	58.0			58.0			2.0	
		优等品（Ⅱ类）	60.0			60.0			2.0	
		一等品（Ⅱ类）	57.0			57.0			4.0	
		合格品（Ⅱ类）	55.0			55.0			6.0	
硫酸钾	GB 20406	粉末状优等品	52.0			52.0			1.0	粉末结晶状
		粉末状一等品	50.0			50.0			1.5	
		粉末状合格品	45.0			45.0			2.0	
		颗粒状优等品	50.0			50.0			1.0	粒度（1.00~4.75mm）≥90%
		颗粒状合格品	45.0			45.0			2.0	

(2) 过程检验

生产前，按照配方投料单对所用包装物品种和规格进行核对，符合的可以投入生产，不符合的马上联系保管员进行调换。开机前，计量包装岗操作人员核对计量包装秤设定情况是否符合要求，并用经检定的计量秤进行核对，符合要求才能开机生产，不符合的马上调整。生产过程中，各岗位操作人员需时时对肥料颗粒性状、包装质量进行检查（表 1-22）。

表 1-22　过程检验项目及方法

序号	检验项目	判定标准	检验人员及检验频次
1	开机前检查	包装标识、规格与配方要求相符	操作工、巡检员/开机前
2		合格证信息、批号、班组信息相符	操作工、巡检员/开机前
3		包装秤设定值核对，并用标准秤校对准确	操作工、巡检员/开机前
4	肥料外观检验	肥料颗粒均匀度（颜色、大小、圆整度）	操作工时时/巡检员定时巡检
5		肥料颗粒纯净度（干净，无杂质）	操作工时时/巡检员定时巡检
6		肥料颗粒强度（手指难以碾碎）	操作工时时/巡检员定时巡检
7	包装质量检查	包装清洁度（外观清洁，无污物）	操作工时时/巡检员定时巡检
8		缝口平整，无跳线、线头 3～5cm、折边≥1cm	操作工时时/巡检员定时巡检
9		合格证检查（无遗漏）	操作工时时/巡检员定时巡检
10	计量检查	检定的计量秤核对自动包装秤数值	巡检员定时巡检

(3) 产品检验

产品检验分为出厂检验和型式检验。

出厂检验项目因产品不同而不同。复合肥料产品出厂检验项目：外观、总养分含量、单一养分含量、水溶磷占有效磷的百分率（适用时）、硝态氮含量（适用时）、水分、粒度、氯离子含量（适用时)、中量元素含量（适用时)、微量元素含量（适用时)；掺混肥料产品出厂检验项目：外观、总养分含量、单一养分含量、水溶磷占有效磷的百分率（适用时)、水分、粒度、氯离子含量（适用时)、中量元素含量（适用时)、微量元素含量（适用时)；有机无机复混肥料出厂检验项目：外观、有机质含量、总养分含量、水分、粒度、酸碱度、氯离子含量、钠离子含量。

型式检验项目为技术要求中规定的所有项目，在有下列情况之一时进行型式检验：正式生产后，如原材料、工艺有较大改变，可能影响产品质量指标时；正常生产时，定期或累积到一定量后进行，缩二脲每6个月至少检验1次，其他有毒有害物质含量每2年至少检验1次；长期停产后恢复生产时；政府监管部门提出型式检验要求时。

肥料包装完成入库后，保管员向化验室进行成品报检，化验员按标准对成品进行取样，根据该肥料产成品的执行标准规定的方法和项目要求进行样品制备和检验，指标严格按照该产品的执行标准进行判定。如果不合格进行复检，如果仍不合格，将检测结果提交生产技术部，安排进行返工处理，并对该批产品进行隔离标识，更换为不合格品。

a. 取样

化验室接到报检通知，到库房采样，取样需按照标准规范进行，进行样品的制备和留样。产品取样方法与原料取样方法相同。

b. 检验

复合肥料主要检验项目及常用检测方法见表1–23。

表1–23　复合肥料主要检验项目及常用检测方法

检测项目	检测方法
总氮	GB/T 8572　蒸馏后滴定法 GB/T 22923　自动分析仪法 NY/T 1977—2010　杜马斯燃烧法
有效磷和水溶磷占有效磷百分率	GB/T 15063—2020　磷钼酸喹啉重量法 GB/T 8573　磷钼酸喹啉重量法或等离子体发射光谱法 GB/T 22923　自动分析仪法
钾	GB/T 8574　四苯硼酸钾重量法 GB/T 22923　自动分析仪法

（续表）

检测项目	检测方法
硝态氮	GB/T 3597　氮试剂重量法 GB/T 22923　自动分析仪法 GB/T 8572　差减法 NY/T 1116　紫外分光光度法
水分	GB/T 8577　卡尔·费休法 GB/T 8576　真空烘箱法
粒度	GB/T 24891　筛分法
氯离子	GB/T 24890　容量法 GB/T 15063—2020　自动电位滴定法
中量元素	有效钙、有效镁：GB/T 19203　容量法 GB/T 15063—2020　等离子发射光谱法 总硫：GB/T 19203　灼烧法和烘干法
微量元素	GB/T 34764　等离子发射光谱法 GB/T 14540　原子吸收分光光度法
缩二脲	GB/T 22924　液相色谱法和分光光度法
总镉	GB/T 23349　原子吸收分光光度法
总汞	NY/T 1978—2010　原子荧光光谱法
总砷	NY/T 1978-2010　原子荧光光谱法
总铅	GB/T 23349　原子吸收分光光度法
总铬	GB/T 23349　原子吸收分光光度法
总铊	GB 38400—2019 附录 B　电感耦合等离子发射光谱法

复合肥料的指标要求见表 1-24。

表 1-24　复合肥料的指标要求

项　目	单位	指标要求
外观		粒状、条状或片状产品，无机械杂质
总养分（$N+P_2O_5+K_2O$）	%	≥标明值，且不低于 25.0% 高浓度：总养分≥40.0% 中浓度：总养分≥30.0% 低浓度：总养分≥25.0%
单一养分（N、P_2O_5、K_2O）	%	不小于 4.0%，标明值负偏差的绝对值不大于 1.5%
硝态氮	%	≥1.5%

（续表）

项 目	单位	指标要求
水溶性磷占有效磷百分率	%	高浓度（总养分≥40.0%）：≥60% 中浓度（总养分≥30.0%）：≥50% 低浓度（总养分≥25.0%）：≥40%
水分（H_2O）	%	高浓度（总养分≥40.0%）：≤2.0% 中浓度（总养分≥30.0%）：≤2.5% 低浓度（总养分≥25.0%）：≤5.0%
粒度（1.00~4.75mm 或 3.35~5.60mm）	%	≥90%
氯离子	%	未标“含氯”产品：≤3.0% 标识“含氯（低氯）”产品：≤15.0% 标识“含氯（中氯）”产品：≤30.0%
单一中量元素（以单质计）	%	有效钙≥1.0% 有效镁≥1.0% 总硫≥2.0%
单一微量元素（以单质计）	%	≥0.02%
缩二脲	%	≤1.5% （适用于种肥同播的产品缩二脲含量应≤0.8%）
总镉	mg/kg	≤10mg/kg
总汞	mg/kg	≤5mg/kg
总砷	mg/kg	≤50mg/kg
总铅	mg/kg	≤200mg/kg
总铬	mg/kg	≤500mg/kg
总铊	mg/kg	≤2.5mg/kg

注：

1. 以钙镁磷肥等枸溶性磷肥为基础磷肥并在包装容器上注明为“枸溶性磷”时，“水溶性磷占有效磷百分率”项目不做检验和判定。若为氮、钾二元肥料，“水溶性磷占有效磷百分率”项目不做检验和判定。

2. 水分以生产企业出厂检验数据为准。

3. 氯离子的质量分数大于30.0%的产品，应在包装袋上标明“含氯（高氯）”，标识“含氯（高氯）”的产品氯离子的质量分数可不做检验和判定。

4. 包装容器上标明含硝态氮、钙、镁、硫、铜、铁、锰、锌、硼、钼时检测该项目，钼元素的质量分数不高于0.5%。

5. 特殊形状或更大颗粒（粉状除外）产品的粒度可由供需双方协议确定。

掺混肥料主要检验项目及常用检测方法见表 1–25。

表 1–25　掺混肥料主要检验项目及常用检测方法

检测项目	检测方法
总氮	GB/T 8572　蒸馏后滴定法 GB/T 22923　自动分析仪法 NY/T 1977—2010　杜马斯燃烧法
有效磷和水溶磷占有效磷百分率	GB/T 15063　磷钼酸喹啉重量法 GB/T 8573　磷钼酸喹啉重量法或等离子体发射光谱法 GB/T 22923　自动分析仪法
钾	GB/T 8574　四苯硼酸钾重量法 GB/T 22923　自动分析仪法
水分	GB/T 8577　卡尔·费休法 GB/T 8576　真空烘箱法
粒度	GB/T 24891　筛分法
氯离子	GB/T 24890　容量法 GB/T 15063—2020　自动电位滴定法
中量元素	有效钙、有效镁：GB/T 19203　容量法 GB/T 15063—2020　等离子发射光谱法 总硫：GB/T 19203
微量元素	GB/T 34764　等离子发射光谱法 GB/T 14540　原子吸收分光光度法
缩二脲	GB/T 22924　液相色谱法和分光光度法
总镉	GB/T 23349　原子吸收分光光度法
总汞	NY/T 1978—2010　原子荧光光谱法
总砷	NY/T 1978—2010　原子荧光光谱法
总铅	GB/T 23349　原子吸收分光光度法
总铬	GB/T 23349　原子吸收分光光度法
总铊	GB 38400—2019 附录 B　电感耦合等离子发射光谱法

掺混肥料的指标要求见表 1–26。

表 1–26　掺混肥料的指标要求

项　目	单位	指标要求
外观		颗粒状，无机械杂质
总养分（$N+P_2O_5+K_2O$）	%	≥35.0%
单一养分（N、P_2O_5、K_2O）	%	不小于 4.0%，标明值负偏差的绝对值不大于 1.5%
水溶性磷占有效磷百分率	%	≥60%

（续表）

项　目	单位	指标要求
水分（H_2O）	%	≤2.0%
粒度（2.00~4.75mm）	%	≥90%
氯离子	%	未标“含氯”产品：≤3.0% 标识“含氯（低氯）”产品：≤15.0% 标识“含氯（中氯）”产品：≤30.0%
单一中量元素（以单质计）	%	有效钙≥1.0% 有效镁≥1.0% 总硫≥2.0%
单一微量元素（以单质计）	%	≥0.02%
缩二脲	%	≤1.5%
总镉	mg/kg	≤10mg/kg
总汞	mg/kg	≤5mg/kg
总砷	mg/kg	≤50mg/kg
总铅	mg/kg	≤200mg/kg
总铬	mg/kg	≤500mg/kg
总铊	mg/kg	≤2.5mg/kg

注：

1. 以钙镁磷肥等枸溶性磷肥为基础磷肥并在包装容器上注明为“枸溶性磷”时，“水溶性磷占有效磷百分率”项目不做检验和判定。若为氮、钾二元肥料，“水溶性磷占有效磷百分率”项目不做检验和判定。

2. 氯离子的质量分数大于30.0%的产品，应在包装袋上标明“含氯（高氯）”，标识“含氯（高氯）”的产品氯离子的质量分数可不做检验和判定。

3. 包装容器上标明含硝态氮、钙、镁、硫、铜、铁、锰、锌、硼、钼时检测该项目，钼元素的质量分数不高于0.5%。

有机无机复混肥料主要检验项目及常用检测方法见表1-27。

表1-27　有机无机复混肥料主要检验项目及常用检测方法

检测项目	检测方法
有机质	GB/T 18877　重铬酸钾容量法
总氮	GB/T 17767.1　蒸馏后滴定法 GB/T 22923　自动分析仪法
有效磷	GB/T 15063　磷钼酸喹啉重量法 GB/T 8573　磷钼酸喹啉重量法和等离子体发射光谱法
钾	GB/T 17767.1　四苯硼酸钾重量法或火焰光度法

（续表）

检测项目	检测方法
水分	GB/T 8577　卡尔·费休法 GB/T 8576　真空烘箱法
pH 值	GB/T 18877　pH 法
粒度	GB/T 24891　筛分法
蛔虫卵死亡率	GB/T 19524.2
粪大肠菌群数	GB/T 19524.1
氯离子	GB/T 18877　容量法 NY/T 1117　自动电位滴定法
钠离子	NY/T 1972　火焰光度法和等离子体发射光谱法
缩二脲	GB/T 22924　液相色谱法和分光光度法
总镉	GB/T 23349　原子吸收分光光度法 NY/T 1978　原子荧光光谱法
总汞	GB/T 23349　原子吸收分光光度法 NY/T 1978　原子荧光光谱法
总砷	GB/T 23349　原子吸收分光光度法 NY/T 1978　原子荧光光谱法
总铅	GB/T 23349　原子吸收分光光度法 NY/T 1978　原子荧光光谱法
总铬	GB/T 23349　原子吸收分光光度法 NY/T 1978　原子荧光光谱法
总铊	GB 38400—2019 附录 B　电感耦合等离子发射光谱法

有机无机复混肥料的指标要求见表 1-28。

表 1-28　有机无机复混肥料的指标要求

项　　目		指标要求		
		Ⅰ型	Ⅱ型	Ⅲ型
有机质含量/%	≥	13	10	7
总养分含量（$N+P_2O_5+K_2O$）/%	≥	15.0	25.0	35.0
水分含量（H_2O）/%	≤	12.0	12.0	10.0
酸碱度（pH 值）		5.5~8.5		5.0~8.5
粒度（1.00~4.75mm 或 3.35~5.60mm）/%	≥	70		
蛔虫卵死亡率/%	≥	95		

（续表）

项　目			指标要求		
			Ⅰ型	Ⅱ型	Ⅲ型
粪大肠菌群数/（个/g）		≤		100	
氯离子含量/%	未标“含氯”的产品	≤		3.0	
	标“含氯（低氯）”的产品	≤		15.0	
	标“含氯（中氯）”的产品	≤		30.0	
总砷/（mg/kg）		≤		50	
总镉/（mg/kg）		≤		10	
总铅/（mg/kg）		≤		200	
总铬/（mg/kg）		≤		500	
总汞/（mg/kg）		≤		5	
钠离子含量/%		≤		3.0	
缩二脲含量/%		≤		0.8	
总铊/（mg/kg）		≤		2.5	

注：

1. 标明的单一养分含量不应低于3.0%，且单一养分测定值与标明值负偏差的绝对值不应大于1.5%。

2. 水分以出厂检验数据为准。

3. 粒度指出厂检验数据，当用户对粒度有特殊要求时，可由供需双方协议确定。

4. 氯离子的质量分数大于30.0%的产品，应在包装袋上标明“含氯（高氯）”，标识含氯（高氯）的产品氯离子的质量分数可不做检验和判定。

2. 检验质量控制

（1）试验前的质量控制

a. 建立实验室各类规章制度

严格的管理是保证检测质量的有效手段，有了科学的管理才能保证及时、准确地完成检测任务，因此，化验室必须建立与其工作范围相适应的、严格有效而又切合实际的规章制度和工作程序，这样在工作中便于执行和检查，确保化验室工作的正常进行。归纳起来应制定并贯彻执行以下各项基本制度：工作计划、检查和总结制度；技术责任制和各级人员的岗位责任制；检验工作质量的保证制度和检验报告的审查制度；仪器设备的购置申请、验收、保管、使用、维修、校准、计量检定制度；检验标准、操作规程、精密仪器档案、原始记录、检验报告等资料的管理制度；危险物品、贵重物品和试剂的管理制度；检验用药品、器材的供应制度；标准样品的保管制度；技术资料、测试原始记录、测试结果报告的管理制度；检验人员和技术干部的职称晋升，培训和考核制度；样品的取样、收发、保管、回收制度；安全、卫生和三废的管理制度；其他必要的制度。

b. 试验标准规程的控制

当采用非标准检验方法时，检验方法应经技术负责人审批，并取得委托方同意后方可实施。选择检验方法时应尽可能选用国际或国家标准的通用方法标准或权威机构（如 AOAC）、教科书上发表过的方法。当选用的检验方法不完全适用于受检样品而需在技术上作适当调整时，则应编制检验方法细则。必要时应采用标准物质或其他校验方法验证非标方法。

c. 试验项目的控制

根据实验室的硬件条件和人员组成客观合理地确定实验室的检测范围和检测项目，对条件不允许或水平尚未达到的检测项目不要强求。

d. 样品的控制

检验样品的保真是检验过程质量控制的重点之一，是确保检验结果正确性的重要环节，因此，应建立对样品唯一性识别的文件化制度，确保样品的标识在任何时候都不发生混淆；同时还必须对检验样品的接收、贮存、处理、传递等各环节进行有效控制，确保检验样品的真实性。应有固定地点贮存样品并保持清洁，且温度、湿度适宜，环境应能满足检验方法中的规定条件，有专人进行管理。

e. 仪器设备与计量器具的控制

应保证仪器设备与计量器具处于受控和良好的技术状态，出具数据准确可靠。可从以下方面着手控制：仪器设备应统一编号，建立技术档案，包括以下内容：仪器设备名称、制造厂名称、型号规格、序号或其他唯一性标识号；到货日期、到货时状态（新的、用过的或经修理过的）、投入使用日期；现在放置地点；使用说明书（或复印件）；检定和/或校验日期、结果以及下次检定和/或校验日期；维修情况记录等内容。每台仪器有专人，负责日常保养、维护、期间核查、校验和检定；保证试验使用器具为经过计量的器具，计量器具责任到人，有固定人员保管并按期检定。

f. 标准物质及试验用品的控制

为确保标准物质和试验用品能满足检验工作需要，并处于受控和良好的技术状态，标准物质及试验用品应有专人进行管理，并建立相关规章制度。标准物质应统一编号并建立标准物质档案，应至少包括以下内容：标准物质名称、级别、标准编号、唯一标识号；来源、购入日期、购进数量、有效期；标准物质证书；领用记录等；建立试验用品领用记录，记清来源、购入日期、购进数量、有效期，领用人员、领用数量、库存数量。

g. 实验室的温度、湿度控制

一般肥料检验工作对实验室设施和环境无特殊要求，在通常温度、湿度下的实验室条件即可满足技术标准要求的试验条件。试验中对局部环境的要求可通过相应的设备（如空调机）控制。

h. 试验人员控制

检验人员需经考核合格后，方允许上岗工作；考核不合格者，应重新培训和补考，直至考核合格方可参加检验工作。大型精密仪器设备操作者必须经过专门培训，熟悉仪器性能与操作知识，经考核合格后方可独立操作。应根据人员、业务变动情况及时安排有关人员的重新考核，并不定期进行抽查考核，考核记录均计入个人档案。

（2）试验中的质量控制

a. 空白样品试验

在不加试样或用蒸馏水代替试样的情况下，按照与试样分析同样的操作手续和条件进行分析试验，得到空白值，然后从试样分析结果中扣除空白值，从而校正由于试剂或水不纯等原因所引起的误差，得到比较准确的分析结果。因每次试验所用试剂都不完全相同，试验条件也会有所差别，所以每批试验都要进行空白样品试验，且至少两个以上平行，防止因空白被污染造成整批检验结果不准确。

b. 平行样品试验

为了减少偶然误差，检测时可以重复多做几次平行试验并取其平均值，因偶然误差遵从正态分布，这样可使正负偶然误差相互抵消，平均值可能更接近真实值。也可以说，在一定测定次数范围内，分析数据的可靠性随测定次数的增多而增加，即平行测定的次数越多，其结果的算术平均值越接近于真实值。

c. 复核盲样试验

检测过程中定期或不定期地设置部分盲样，即将已经检测过的样品或者是标准物质作为待测样品下达到任务当中，由检验员重新检测，比较两次检测结果的误差，从而判断结果的准确度，如果检测值不相符，应及时找出误差原因并予以消除。

d. 重复样品试验验证

将同一样品重复编号、作为不同待测样品重复测定，比较检测结果的误差，从而判断结果的准确度。如果误差超过规定值，要及时找出误差原因并予以消除。误差原因有多种，可能是人员操作差别、环境条件的影响、试剂不同、样品均匀度不一致等。

e. 加标回收率验证

取两等份试样，在一份中加入一已知量的标准物质，在同一条件下用相同的方法进行测定，计算测定结果和加入标准物质的回收率，可作为准确度的指标，以检验分析方法的可靠性。

$$回收率（\%）=\frac{测得总量-样品含量}{标准加入量}\times100$$

回收率越接近 100%，说明结果越准确，如果要求允许差为 ±2%，则回收率应在 98%～102%。

f. 不同人员同一样品比对验证

不同的检验人员在相同的条件下、用相同的检测方法对同一样品分别进行检测，将所得结果进行比较，判断结果的准确度。如果误差超过规定值，要及时找出误差原因，原因可能是人员操作的差别、习惯的不同、对终点的判定理解不同等，根据不同原因，及时进行纠正和改进。

g. 同一人员不同测试方法比对验证

同一个人用不同的检测方法对同一样品进行检测，将所得结果进行比较，比较不同检测方法对结果的影响，判断结果的准确度。如果两个结果不相符，要对不同检测方法进行分析，找出方法中可能导致误差的环节，正确判断方法的合理性，选择出适当的检测方法。

（3）试验后的质量控制

a. 试验结果按有效数字运算规则进行计算和修约

试验过程中，要正确记录测量数据，即记录能准确测量的数字之外，应该也只能保留一位可疑数字，这样可以直观反映测量数据的精确度。结果计算要按照有效数字运算规则进行，合理修约，从而得出正确的检测结果。

b. 试验结果的合理性判断

一系列平行测定中，常常会发现个别数据对多个数据来说偏离较大，若将这些数据纳入计算过程，就会影响结果的精密度。这种偏离值称可疑值。它的舍弃必须慎重，既不能“去真”，也不能“存伪”。如果在试验过程中已经发现有过失，这个可疑值就应该舍弃，否则会影响平均值的可靠性。如果没有发现过失（并不等于没有过失）则不能随意舍弃，而要用统计方法来判断它究竟是随机误差还是过失造成的，并决定它的去留。在分析技术规范中，对偏差和相差都规定了允许范围，当平行测定结果超过了允许范围或出现异常，检验人员应认真检查记录、计算、操作、试剂以及检测方法，找出原因后有针对性地进行复测，以保证分析质量。切记不可凑成一些可以接受的数据，蒙混过关，以免造成严重后果。

c. 复核试验数据的记录、录入和计算

试验过程中，及时记录各项原始记录，书写工整、真实、准确，不得随意涂改、乱画，当发生笔误时，要更改并盖章或签字予以确认。试验数据必须由分析者本人填写，由在岗其他分析人员复核，复核人员对计算公式及计算结果准确性负责。

d. 试验结果归档备查

所有检测原始记录和检测报告应放入档案，在规定的期限内予以保存备用。保存过程中要防止霉变、潮湿、丢失，注意防火与通风。

从试验前的质量控制、试验中的质量控制、试验后的质量控制三个方面，在试验整个过程中进行质量控制，把检测误差控制在一定的允许范围内，获得准确可靠的检测结果，从而保证实验室检测质量。

（四）储运控制

储运条件的控制会影响产品的质量，主要包括储运时间、通风条件、温湿度控制、合理码放等几个方面。

1. 储存控制

肥料生产包装完成后，需注意搬运和储存的操作和环境。装卸工具不应有尖锐凸起，避免装卸过程中因刮划而发生遗撒；产成品不能露天存放，短期存储可以放置在棚库中，长期储存应在干燥通风的封闭仓库中，产成品应按检验状态分区码放或在明显部位标注状态标识，防止混淆；产成品存放时应定期检查，并注意以下问题。

（1）防潮

化肥吸湿而引起的潮解、结块和养分损失，是贮藏中普遍存在的问题，如碳铵受潮后分解挥发，氮素跑掉，硝酸铵、硝酸磷肥、硝酸钾、硝酸钙、尿素等，以及用这些为原料的复合肥料，都极易吸潮、结块，很难施用并损失大量养分。存放措施：一是要保持肥料袋完好密封；二是要求库房通风好，不漏水，地面干燥，最好铺上一层防潮的油毯和垫上木板条。

（2）防毒

化肥由各种酸、碱、盐组成，有的本身有毒，如石灰氮；有的在储存中易挥发游离酸，使库房空气呈酸性，如普钙；有的潮解后挥发出的氮气，在空间形成碱性物，如碳铵、氯化铵、硫酸铵以及含铵态氮的复合肥料。存放措施：查看时戴好口罩和手套，库房要通风，相对湿度要低于70%，当库房内温度和湿度都高于库外时，可以在晴天的早晚打开库房的门窗进行自然通风调节。

（3）防火防爆

硝酸铵、硝酸钾等是制造火药的原料，在日光下暴晒、撞击或高温影响下会发热、自然爆炸，这类化肥贮藏时不要与易燃物品接触，化肥堆放时不要堆得过高，码垛时以不超过 1.5m 为宜，库房要严禁烟火，并设置消防设备，以保证安全。

（4）防养分挥发

对于稳定性较差的化肥，如碳酸氢铵必须包装严实，保持干燥，防止阳光直射。使用时应随开随用，用完一袋再拆一袋，用剩的肥料要扎紧袋口。对氯化铵、硫酸铵、硝酸铵、碳酸氢铵等铵态氮肥，要注意不与碱性肥料同库混存，以减少氮素损失。

2. 运输控制

装卸过程中注意操作，防止包装破损。运输工具不应有尖锐凸起，避免运输过程中因刮划而发生遗撒；运输途中注意防止暴晒、雨淋；及时运送，尽量缩短运输时间，以保证复混肥料产品质量。

肥料的质量不仅影响着农民的利益，而且不同的肥料种类和施用方式也直接影响着土壤生态环境和农产品质量。复混肥料具有养分含量高、施用简便、使作物增产迅速的特点，在农业生产中一直占有重要地位。对复混肥料生产关键环节进行质量控制，是保证复混肥料产品质量的重要手段，也是保障耕地质量和农产品质量安全的重要手段。

第三节 发展现状和前景展望

一、发展现状

1. 复合肥料发展历程

1840 年，德国科学家李比希在总结前人研究成果的基础上，批判了腐质营养学说，提出了矿质营养学说。李比希矿质营养学说的创立为化肥工业的兴起奠定了理论基础，也为解决世界粮食问题和提高人们的生活水平作出了巨大贡献。1843 年，第一种化学肥料——过磷酸钙在英国诞生。1861 年，德国首次开采钾盐矿。1907 年，意大利生产了石灰氮。20 世纪 50 年代，美国开始兴起掺混肥料，截至 1985 年销售 2 200 万 t，占美国总施肥量的 45%，占复混肥料的 60% 以上。据联合国粮农组织（FAO）统计，1982 年全球化肥消费量达 1. 15 亿 t，其中复混肥占 50%以上，发达国家消费的复混肥比例平均达 70%，发展中国家复混肥比例仅占 26. 5%。目前，全世界化肥消费总量中 15%左右的氮肥和 60%以上的磷钾肥被加工成不同类型的复合肥，特别是发达国家复合肥使用比例更高，25%~50%的氮肥和 70%~90%的磷钾肥均以复混肥料方式提供给农民。

我国从 20 世纪 50 年代末期开始施用复混肥料，此后，经历了一个很长的认识和实践过程，进入 20 世纪 80 年代，氮、磷、钾平衡施肥才被农民认识。虽然我国复合肥发展历史较短，但与国外肥料工业发展规律相似，同样经历了从低浓度到高浓度、从单一养分到多元养分的阶段。我国从 20 世纪 60 年代开始复混肥生产工艺和剂型的研究，1968 年在南京化学工业公司建成第一套年产 3 000t氮磷钾复合肥装置，由于生产基础原料难以保证，发展缓慢；20 世纪 80 年代，随着农业发展和肥料用量增加，复合肥工业得到快速发展。经过多年的努力，一批高浓度磷复肥装置已经相继建成，高浓度磷复肥的比重已从 1988 年的 2%提高到了目前的 15%~20%，我国先后引进了一批国外有代表性的先进技术和装备，磷铵和氮磷钾复肥生产引进了罗马尼亚的喷浆造粒、美国 Davy/TVA、美国 Jacobs、西班牙 Espindesa、Incro、法国 AZF、KT 和挪威 Norsk hydro 等生产技术和装备，这些引进技术和装备为我国的磷复肥工业的起步和发展起到了重要的推动和促进作用。我国一些科研院所、高等学校和企业对引进先进的生产技术、生产装备和生产管理进行了消化吸收并结合我国具体情况进行了创新，在磷铵和 NPK 复合肥生产技术方面，对引进工艺进行了改进，从而使装置生产能力大大提高，大大超过了设计能力，取得了了不起的成绩；又如磷铵生产装置，我国工程技术人员通过对同类的引进装置的消化吸收和改进，整个工程建设采用了消化吸收的技术和国产装备，装置基本实现了国产化，装置运行良好，达到了设计指标；再如针对我国国情，工程技术人员对引进的大型重钙装置进行了改造，使重钙装置能适应 NPK 复合肥的生产，这样既为企业生产了适应市场的产品，增加了经济效益，又使大型重钙装置的技术和花费的大量投资发挥了作用，所有的进步均来自对引进技术和装备的消化和吸收及技术改造和创新。

2. 复合肥料产能产量

据统计，1980 年我国复合肥产量（纯养分）只有 120 万 t，到 1998 年提高到 600 万 t；截至 2019 年底，我国规模以上复合肥料企业 800 多家，有生产许可证的企业 3 000 余家，年总产能约 2 亿 t，2011—2019 年我国复合肥料实物产量在 5 500 万~ 6 500 万 t 波动（约占全国当年直接施肥量的 60%），2015 年达最高峰，约 6 500 万 t，2022 年约 6 000 万 t。

3. 复合肥料分布结构

我国复合肥料生产主要集中在山东、湖北、江苏、贵州、四川、安徽等磷资源丰富或邻近消费市场的省份；消费主要集中在河南、山东、湖北、江苏和广西等农业大省（自治区）以及东北地区。2019 年中国磷复肥工业协会统计 89 家大中型复合肥料企业，其复合肥产量合计 3 376. 7 万 t，约占全国复合肥产量的 60%，其中山东省复合肥产量占全国复合肥总产量的 27. 1%，湖北省和江苏省分别占 25. 0%和 14. 1%。

20 世纪 80 年代，我国复合肥料以产销硫酸铵-过磷酸钙、尿素-过磷酸钙、氯化铵-过磷酸钙等低浓度氮磷钾复合肥料产品为主；20 世纪 90 年代，以产销 15-15-15 等规格的高浓度氮磷钾复合肥料产品为主；2000 年前后，16-16-16、17-17-17、18-18-18 等规格的氮磷钾复合肥料产品，以及氮（N）、磷（P_2O_5）、钾（K_2O）可在 4%~30%范围内调整的系列产品已发展到上千种之多；近 10 多年，有机-无机复合肥料、水溶性肥料、缓控释肥料等各种新型肥料快速发展。

4. 复合肥料进口状况

2015—2019 年我国复合肥料进口量占肥料进口总量的 12.5%~15.4%。随着国内落后产能退出市场，多项优惠政策取消，复合肥料生产成本提高，产能增速放缓，但种植者对高端水溶性复合肥料的需求不断增长，2016 年后复合肥料进口量逐年上升。2018 年复合肥料进口量大幅度增加，较 2017 年增加 27 万 t，增长 22.7%，促进了化肥进口总量小幅度提高。随着国内新型复合肥料的发展，2019 年复合肥料进口量小幅度降低，与 2018 年基本持平，预测近年复合肥料进口量仍有增长空间。

二、存在问题

我国是农业大国，这些年随着我国化工行业的发展，化肥的产量、质量、品类都有较大提升，化肥行业发展迅速，但也存在很多问题，现在行业发展存在的主要问题如下。

1. 生产方面

（1）产能过剩矛盾突出

近年来，化肥行业发展迅速，一方面新增的产能持续增加，另一方面落后产能没有退出，导致一直处于产能过剩状态。2016 年我国化肥产量达到 7 004.92 万 t，施用量约 6 034 万 t，是全球最大的化肥生产国和消费国。产品供过于求，行业集中度高。氮肥方面，尿素产量严重过剩，尿素产能利用率只有 78%，尿素产能 2016—2020 年逐年下降，年均下降 4.2%，2021 年开始缓慢回升，2022 年产能为 6 634 万 t，同比增长 0.9%。合成氨产能 2016—2021 年逐年下降，年均下降 1.8%，2022 年产能回升至 6 690 万 t/年，同比增长 2.4%；磷肥方面，我国磷肥产能占全球 35%，是全球最大的磷肥生产国，磷肥出口量占产量的 1/3，磷肥产能利用率 69%；我国钾肥产量居全球产量第四，自产仅占需求的一半，我国钾肥消费量居于全球第一位，钾肥消费量占全球消费量的 25%左右，钾肥总产能 679 万 t，产能利用率 85.7%。

（2）产品结构与营销服务还不能适应现代农业发展的要求

目前传统基础肥料品种齐全，但是适应现代农业发展要求的高效专用肥料发展滞后，还不能满足平衡施肥、测土配方施肥、机械化施肥及水肥一体化施肥等要求。企业在营销理念和营销模式上还缺乏创新，没有建立起与农业生产主体变化相适应的专业化服务体系。产品结构急需调整，营销服务方式有待改善。

（3）技术创新能力不强

企业创新的意识还不够，研发投入较低，即使一些技术比较先进的企业，研发投入也不足，这跟国外的先进水平差距很大。我国引进的大、中型料浆法磷肥、复合肥等生产技术和装备，在我国工程技术人员的不断消化吸收和努力下，已在我国有关工厂转化为生产力，有些装置已经达到和超过设计能力，在我国的化肥生产中发挥着重要的带头作用。但是，目前这些装置的全部生产能力尚不能充分发挥，原因很多，主要是存在着与装置配套的磷酸或氨的供应问题或供矿质量没有保证，同时还存在着生产管理经验不足，资金周转困难等问题，这些问题的存在，造成了有些装置开工率低下。

2. 市场方面

（1）需求低迷

从需求来看，复肥消费量受农作物总量减少影响，呈下降趋势，为保护土地，国家在逐步推行耕地修复，以及实行休耕轮作，鼓励施用有机肥取代化肥。同时推广应用各种功能性新型肥料和有机肥，开展测土配方施肥，努力提高化肥利用率，这些措施都导致化肥施用量减少。据统计，2016 年，全国农用化肥使用量 5 984 万 t（折纯），比 2015 年减少 41.5 万 t，这是自 1974 年以来首次出现负增长。2017 年，国内化肥消费量进一步下降至 5 859.4 万 t；2018 年，国内化肥消费量在 5 100 万 t 左右，表观消费总量降幅为 4.9%，农业种植结构与农业补贴政策的调整，也直接影响着化肥使用量，2018 年，我国耕地轮作休耕试点面积比上年翻一番，扩大到了 2 400 万亩（1 亩≈667m^2），三大主粮中玉米播种面积下降 0.6%，小麦播种面积下降 1%，稻谷播种面积下降 1.8%。三大主粮播种面积减少，也在很大程度上降低了化肥需求。

（2）出口受限

从国际市场来看，自2016年以来，国外化肥新增产能进入释放期，其中以天然气为原料的化肥与国内以煤为原料的化肥相比，价格差距不断扩大，致使我国化肥出口困难。以尿素为例，2014年和2015年我国连续两年出口量都超过1 300万t，出口规模占全球尿素贸易总量的30%左右。2016年我国尿素出口887.07万t，同比下降35.6%；2017年出口465.6万t，同比下降47.5%；2018年出口244.7万t，同比下降47.5%，国内产能对尿素出口的依赖度也从2015年的20%以上，降至2018年的5%左右，预计今后尿素出口量仍将下降。2018年我国出现以整船方式进口尿素的情况，这是12年来的第一次。如果国内外尿素价差进一步扩大，进口有利可图，国内仍会进口大量尿素，给国内市场带来压力。

3. 环保方面

除了下游需求下降和出口形势严峻外，化肥行业还将面临安全环保政策趋严的挑战，当前安全和环保工作压力持续加码，由于压缩产能、危化品搬迁、环保要求升级等多重因素交互作用，化肥行业生产的被动局面仍未得到根本改善。

复合肥料生产中节能环保和资源综合利用的水平不高，料浆法磷肥复合肥由于涉及磷酸的加工过程，因此不可避免地存在着磷石膏、含氟废水和含氟废气、酸泥等污染问题，在工厂布局全国分散的情况下，这个问题显得更加突出。世界上西方一些发达国家由于环保问题，有些工厂已经被迫关闭。今天在我国环保法规进一步严格的情况下，需要花大量的资金解决上述环保问题是目前工厂面临的主要问题。

4. 资源方面

原料资源对外依存度大。化肥价格的底板是能源和磷矿价格，如果煤炭、天然气、硫黄、磷矿等价格不降低，那么即使肥企开工率再低，化肥价格也很难降下来，现在是天花板低、底板高，化肥市场可操作空间非常狭窄。加上国际贸易保护主义抬头，全球经济格局重组步伐加快，以及全球经济环境的不确定性、不稳定性都给国内化肥市场运行带来隐忧，化肥价格的天花板是粮价，粮食价格不升高，化肥价格也难有上行空间。

三、前景展望

（一）产业发展政策驱动分析

国家将复合肥料生产经营列入《产业结构调整指导目录（2005年本）》中鼓励类产业，2007年中共中央、国务院在中央“一号文件”中指出要加快发展适合不同土壤、不同作物特点的专用肥和缓控释肥；国家同时在《国家中长期科学和技术发展规划纲要（2006—2020）》中要求要重点研发专用复合（混）型缓释、控释肥料及施用技术和相关设备。

2010年国务院在《石化产业调整和振兴规划（2010）》文件中指示重点发展高效复合肥、缓（控）释肥等高端产品，争取到2015年，施肥复合率达到40%以上；2011年国家发展与改革委员会在《产业结构调整指导目录（2011年本）》中鼓励各种专用肥和缓（控）释肥的生产；工业和信息化部（简称工信部）推出的《化肥工业产业政策》中强调要加速推进化肥产品结构调整，重点发展高浓度基础肥料和高效复合肥；中国石油和化学工业联合会在《化肥工业十二五发展规划》中鼓励发展按配方施肥要求的复混肥和专用肥；农业农村部在《到2020年化肥使用量零增长行动方案》中提出到2020年实现“一控两减三基本”的目标；工信部在《推进化肥行业转型发展的指导意见》中要求企业采取多项举措促进行业升级，提高产能利用率，大力发展新型肥料，提升环保效益。各级部门和企业落实国家行业政策，通过示范效应带动缓（控）释肥的推广，为推动农业发展方式转换、化肥产业结构调整、转移农村劳动力作出贡献。

工信部也正在制定和发布化肥行业转型升级的指导意见，重点措施包括，一是着力化解过剩产能，今后原则上不再新建新增产能，要及时公布符合准入条件的企业名单，引导企业实行兼并重组，淘汰落后。二是大力调整产品结构，开发高效、环保的新型肥料，如硝基复合肥、硝酸铵，水溶肥，液体肥等。三是加快提升科技创新能力，要集中力量突破一批制约行业转型升级的关键技术和装备，技术改造将作为支持重点。化肥和农药，这是工信部及全社会关心的问题，工信部做了专项，尽快淘汰高残留的农药，从根本上保证广大人民群众的身体健康。四是着力推进绿色发展，做好资源综合利用，做好磷矿资源的回收利用。五是推进两化融合，推进专业化服务体系建设，提高服务科技含量，要构建测土配方施肥、套餐肥配送、农技知识培训、示范推广以及信息服务等为一体的网络体系建设。六是“一带一路”的战略，推动更多有实力的企业“走出去”，利用国外资源，把装备、技术“走出去”，构建互利多赢的全方位的对外开放的新格局。工信部将加大政策的扶持力度，除了技术改造外，还有转型升级的专项资金等，为农业现代化和化肥行业的转型升级，实现可持续发展作出更大的贡献。

（二）前景展望

1. 肥料复合化率和集中度将持续提高

2000年以来，我国复合肥以更快速度发展，统计表明，化肥的复合化率逐年升高。截至2019年，中国化肥施用量的复合化率约42%，相比全球平均复合化率50%、发达国家80%的水平，差距仍然巨大，我国的复合化率还有较大的提升空间。过去20年复合肥行业的CAGR（复合年均增长率）为7%～8%，远高于单质肥的行业增速。由于我国人口持续增长和对农作物需求不断提高的刚性条件等影响，化肥需求量总体趋于平稳状态下将会小幅增长。上述因素均对肥料复合化率和集中度持续提高奠定了基础。

2. 技术创新有待加强

国内复合肥行业在快速发展的同时也出现了一些比较棘手和突出的结构性矛盾，诸如产能过剩，急需淘汰生产设备和技术落后的作坊式企业；受限于行业自身特点如国家政策和环保要求，产业调整途径有限，导致产业调整步伐缓慢；国内农资市场特别是复合肥产品同质化现象日益严重，“减肥增效和农业科技创新”观念深入人心，土地流转形成规模化经营及水肥一体化对复合肥质量和农化技术服务提出了更高要求，使复合肥产业的发展走到了必须转型升级的十字路口。

我国对高品质复合肥料的需求增长较快，进口复合肥料生产技术先进、产品质量稳定，仍拥有较大市场。目前，随着环保政策不断趋严、农业种植结构的优化，对特种肥料和有机肥产业形成利好条件，依靠进口高端复合肥料和特种肥料开拓新渠道、打造差异化产品是国内肥料企业发展的战略重点。

我国化肥企业面临着创新不足的问题，尤其是高效复合肥的研制与应用落后，已经不能适应我国农业产业结构调整的要求。复合肥企业应以"技术先导"战略为指引，以超常规投入推进企业创新，加强基础性、前沿性科技研究，抢占创新制高点，加大研发投入，做实新产品和新技术开发，掌握各类新型肥料生产技术、肥料增效技术、土壤改良修复技术及磷石膏综合利用技术，开发控释肥、水溶肥、液体肥、生物肥、松土剂等作物生长所需的全系产品，开发完整产品线和具有特色的专用产品，提高科技含量和产品附加值。同时，全力开展高效施肥技术推广应用，以市场需求导向为准，建立产品经理-作物经理制度，为农户提供全生育期的技术跟踪服务指导，根据不同作物在不同地区和气候条件下的养分需求特征，结合不同主产区土壤理化性状，全力开发、全面推广各类作物营养管理方案，为农业节本增效、优质安全、绿色发展和农民增收致富贡献力量。为增强复合肥生产企业创新能力，提高核心竞争力，促进复合肥产学研合作，加快成果转化与新型环保高效肥料研发，以高等院校提供智力支持、科研机构提供技术支持为主及企业提供资金支持为主建立产学研运转平台，共同研究开发新技术、新产品，保障企业产学研活动持续有效地开展下去，攻克制约高效复合肥产业化设备的重大关键技术瓶颈，为促进复合肥行业转型升级，不断引领行业发展方向，促进农业可持续发展提供有力的科技支撑。

3. 行业发展趋势

问题与机遇并存，在农业供给侧结构性改革的推动下，一批行业人士意识到这些问题，开始助推化肥产业的结构性改革。

（1）产业整合、加大研发、转型升级

截至 2016 年，我国化肥生产企业达 3 000 多家，涉肥企业达上万家。有规模较大的上市企业，也有众多中小型化肥生产企业，整个行业参与者众多、竞争激烈。

随着国家对粮食生产提出新的要求、化肥行业优惠政策支持力度的减弱、环保政策的陆续出台，生产成本高、技术落后、污染严重的企业会被淘汰，企业向规模化发展会是必然，重组兼并定会出现。另外，随着国人对蔬菜水果需求的增长以及食品安全的重视，新型安全适用于蔬菜、水果生产的肥料需求逐年增加，对传统化肥企业提出转型升级的要求，缓控释肥、水溶肥、叶面肥、微生物复合肥、有机复合肥、腐殖酸肥料、复合肥料等占比会逐年提升。目前，从事新型肥料生产的企业已超过 2 000 多家。

目前来看，加大技术创新力度，提升农化服务水平，是化肥龙头企业绝地突围不得不做好的两件基础事情。参考国外化肥市场发展规律，目前我国化肥行业处在从粗放式到精耕细作式发展的转型时期，加大科研资金的投入、提高科技创新力度、完善产业链服务成为具备市场竞争力的基本条件。大部分企业目前将转型放在相对容易的营销、联合协作、增加出口等方面，通过强强联合的方式使企业降低成本、增强研发、提高国际竞争力。

（2）互联网+、拓展渠道、拥抱变革

在传统的农资销售里，渠道商、经销商起着承上启下的连接作用，渠道商从厂家进货，通过线下经销网络把农资产品卖给用户，主要赚产品的差价。我国互联网技术的发展和移动互联网的普及，给各行各业的发展带来深刻的变革。

互联网能够提供高效、快捷的信息获取渠道，降低信息不对称带来的成本和风险。化肥产业也意识到互联网会成为未来这个行业不可缺少的角色之一，因此积极通过引入互联网提升整个化肥产业的信息传播效率、销售效率，最常见的做法就是通过自建电商或者加入其他电商平台，化肥商品名称、生产厂家、质量、价格等信息都将在网上透明显示，让农户清清楚楚、明明白白交易，解决化肥传统销售模式造成的层层加价、价格虚高等痛点。

目前来看，除了传统的互联网电商企业开始开设农资销售频道，绝大多数排名靠前的化肥企业都已经开发自己的电商平台，有的不仅销售自产化肥，也销售其他厂家生产的化肥。一些农资电商业务开展时并没有直接从农资销售切入，而是通过农业服务切入。通过农业服务获取客户，通过农技问答等方式增加用户黏性，拓展如农资销售、农机销售、农业金融、农业保险等业务。

但目前来说，农资电商仍处在烧钱阶段，至少面临以下几个问题：农民传统赊销习惯严重不符合电商模式；农民网购习惯的养成需要时间和金钱成本；电商去中间化销售与已有多年的传统销售渠道存在利益冲突；农村物流配送体系落后，无法满足农资电商化物流配送最后一公里的要求；传统渠道农资产品的销售往往带有技术服务属性，电商模式服务与售后问题很难保障。这些问题不解决，尤其是资金和“最后一公里”物流问题，所谓的农资电商与传统的销售模式并没有太大的区别，反而因为加入电商这个元素，农民不熟悉不熟练，增加了不必要的成本。因此面对这些改革进程中的困难，如何循序渐进，采取符合当下具有操作性的方案，不少企业正在积极探索。

(3) 测土配方、精准施肥、提升服务

虽然化肥零增长政策给全行业未来的发展设置了“天花板”，但中国拥有 20 亿亩耕地，是农业大国，农业生产离不开化肥，市场需求总量依旧很大。

传统凭借经验式的施肥方式已经无法满足农业提质增效的要求，科学施肥如测土配方施肥可能会成为未来主要的施肥方式。同时近年来土地流转加速，规模化、技术型专业种植者的产生，对化肥品牌的选择逐渐向规模型、资源型、创新型、服务型企业集中，能够强化产品和服务的企业，将在未来的竞争中具有明显优势，传统的单一的化肥生产企业已经不能满足市场多元化的服务需求。很多企业认识到这点，通过帮助种植户实施测土配方施肥、土壤有机质提升等综合服务项目，大力推广深耕深松、化肥深施、秸秆还田、水肥一体化等科学施肥技术，不仅推动了自身化肥的销售，也帮助农户提高了肥料利用率，节约了施肥成本。

（4）政府指导、市场主导

政策是一个行业发展的基本前提，也是行业趋势的基本反馈，把握好政策和发展趋势，对企业降低风险、增加利润、提高市场竞争力具有重要的意义。在我国“农业供给侧结构性改革”的大背景下，“一控两减三基本”和粮食提质增效的要求下，国内化肥生产方面的优惠政策近年来不断减少，而相应在流通方面、出口方面有较大优惠，如根据 2017 年关税调整新方案，取消氮肥、磷肥等肥料的出口关税，并适当下调三元复合肥出口关税。因此企业要学会利用利好政策，提高肥料出口和国际市场竞争力。

综上所述，目前化肥产业处在变革的关键时期，外部粮食增长红利的消失、环保意识的增强、消费升级、政策改变，内部厂家低价竞争、研发力度不足、传统销售渠道滞后、生产方式转变等都是化肥整个产业不得不面对的现实问题。企业加大研发力度、强强联合、建立高效销售渠道，从单一的产品销售转向作物全程营养解决方案，加强农化服务，及时有效地帮助农户解决生产过程中的实际问题，会是化肥企业未来实现“农业供给侧结构性改革”背景下逆势增长的重要保障。

第二章　有机肥料

第一节　基本知识

一、相关概念

有机肥料是指主要来源于植物和（或）动物，经过发酵腐熟的含碳有机物料，其功能是改善土壤肥力、提供植物营养、提高作物品质。有机肥料是农业生产中的重要肥源，其养分全面，肥效均衡持久，既能改善土壤结构、培肥改土，促进土壤养分的释放，又能供应、改善作物营养，具有化学肥料不可替代的优越性，对发展有机农业、绿色农业有重要意义。自20世纪80年代以来，随着化肥的普遍推广应用，农作物产量得到大幅提高，农民重化肥、轻有机肥的现象日益突出，形成了农田高强度利用生产系统。长此以往，对土壤质量和生态环境造成了负面影响。畜禽粪便、农作物秸秆等农业废弃物排放量较大，而用作肥料的农业废弃物资源化利用率仍然不高，不仅浪费资源，还会导致污染问题。当前农业农村发展正由依赖资源消耗向绿色生态可持续方向转变，在化肥减量施用的同时，合理利用有机资源并科学施用商品有机肥对保护耕地质量、促进农业绿色发展、实现乡村振兴具有重要意义。

二、主要分类

我国有机肥料的来源极为丰富，其性质复杂，地区间差异大。有机肥料的分类没有一个统一的标准和严格的分类系统。但根据有机肥的来源、特性及积制的方法可以分为两大类型，一类是传统有机肥料，另一类是商品有机肥料。

（一）传统有机肥料

传统有机肥料是指以有机物为主的自然肥料，多是人和动物的粪便以及动植物残体，一般分为农家肥、绿肥和腐殖酸类肥料三大类。

1. 农家肥

农家肥是农户利用人畜粪便以及其他原料加工而成的，常见的有堆肥、沤肥、厩肥和沼肥等。农业收获植物及其加工残余物也是一类具有广泛应用价值的农家肥，如菜籽饼、大豆饼等饼粕类肥料，养分含量较高，特别是氮含量都在5%以上。农家肥的种类繁多而且来源广、数量大，便于就地取材，就地使用，成本也比较低。农家肥所含营养物质比较全面，它不仅含有氮、磷、钾，而且还含有钙、镁、硫、铁以及一些微量元素。这些营养元素多呈有机物状态，难以被作物直接吸收利用，必须经过土壤中的化学物理作用和微生物的发酵、分解，使养分逐渐释放，因而肥效长而稳定。

（1）堆肥

堆肥是利用各种植物残体（作物秸秆、杂草、树叶、泥炭、垃圾以及其他废弃物等）为主要原料，混合人畜粪尿经堆制腐解而成的有机肥料。由于它的堆制材料、堆制原理和其肥分的组成及性质与厩肥相类似，所以又称人工厩肥。堆肥所含营养物质比较丰富，且肥效长而稳定，同时有利于促进土壤固粒结构的形成，能增加土壤保水、保温、透气、保肥的能力，而且与化肥混合使用又可弥补化肥所含养分单一，长期单一使用化肥使土壤板结，保水、保肥性能减退的缺陷。

（2）沤肥

沤肥又称草塘泥、醚肥、窖肥等。是指以植物性材料为主添加促进有机物分解的物质，在淹水的嫌气条件下沤制而成的有机肥料。草塘泥、醚肥、窖肥等的总称。沤肥富含有机质与多种营养元素的有机肥料，肥效持久，迟速兼备，一般作基肥，也可作追肥，配合速效性氮肥使用，具有培肥改土的作用。为中国南方稻区，特别是长江中、下游的水网圩区和西南的冬水田中较广泛采用。

（3）厩肥

厩肥是指由家畜粪尿和垫圈材料、饲料残茬混合堆积并经微生物作用而成的肥料。富含有机质和各种营养元素。各种畜粪尿中，以羊粪的氮、磷、钾含量高，猪、马粪次之，牛粪最低；排泄量则牛粪最多，猪、马类次之，羊粪最少。垫圈材料有秸秆、杂草、落叶、泥炭和干土等。厩肥分圈内积制（将垫圈材料直接撒入圈舍内吸收粪尿）和圈外积制（将牲畜粪尿清出圈舍外与垫圈材料逐层堆积），经嫌气分解腐熟，在积制期间，其化学组分受微生物的作用而发生变化。

（4）沼肥

沼肥是指在密封的沼气池中，有机物腐解产生沼气后的副产物，包括沼气液和沼渣，即沼液及治渣总称为沼肥。据测定，沼液中含有丰富的氮、磷、钾、钠、钙等营养元素。沼渣中除含上述成分外，还含有有机质、腐植酸等。经有关部门研究分析，沼肥中的全氮含量比堆沤肥提高 40%~60%，全磷比堆沤肥高 40%~50%，全钾比堆沤肥高 80%~90%，作物利用率比堆沤肥提高 10%~20%。

（5）饼肥

饼肥是油料的种子经榨油后剩下的残渣，这些残渣可直接作肥料施用。饼肥的种类很多，其中主要的有豆饼、菜籽饼、麻籽饼、棉籽饼、花生饼、桐籽饼、茶籽饼等。饼肥的养分含量，因原料不同、榨油方法不同，各种养分的含量也不同。一般含水 10%~13%，有机质 75%~86%，是含氮量比较多的有机肥料。

2. 绿肥

绿肥是利用绿色植物体的全部或部分直接翻压到土壤中作为肥料，是中国传统的重要有机肥料之一。绿肥含有丰富的有机质和一定量的氮、磷、钾和多种微量元素等养分，其分解快，肥效高，改土培肥的效果好。常见的绿肥作物如豆科的绿豆、蚕豆、草木樨、田菁、苜蓿、苕子等，非豆科绿肥有黑麦草、肥田萝卜、小葵子、满江红、水葫芦、水花生等。这些绿肥作物在生长期间可覆盖地面，减少水分蒸发，控制水土流失。可在生长期将其茎、叶切断，用耕翻办法压入土中，亦可在收割后用作堆肥原料。有一部分绿肥作物还可用作牲畜饲料。因各种绿肥作物生长习性不同，南北方所栽培的绿肥作物品种亦不尽相同。

3. 腐殖酸类肥料

腐殖酸类肥料是利用泥炭、褐煤、风化煤等为主要原料经酸或碱等化学处理所制成的肥料。这类肥料一般含有机质和腐植酸，具有改良土壤、活化土壤养分和刺激作物生长发育等作用。

（二）商品有机肥料

商品有机肥料是以畜禽粪便、动植物残体、生活垃圾等富含有机质的固体废弃物为主要原料，并添加一定量的其他辅料（如风化煤、草炭、中药渣、酒渣、菌菇渣等）和发酵菌剂，采用物理、化学、生物或三者兼有的处理技术，经过一定的加工工艺（高温、厌氧等），消除其中的有害物质（病原菌、病虫卵害、杂草种籽等）达到无害化标准而形成的、符合国家相关标准及法规的一类肥料。

根据生产原料的不同，我国商品有机肥料主要包括三大类：一是以集约化养殖畜禽粪便为主要原料加工而成的有机肥料；二是以城乡生活垃圾为主要原料加工而成的有机肥料；三是以天然有机物料为主要原料，不添加任何化学合成物质加工而成的有机肥料。与农家肥相比，商品有机肥料具有养分全面、含量高、质量稳定等特点。

三、产品特点

有机肥料虽然养分含量较低，总养分含量大于4%，但是有机质是有机肥料中最重要的组成部分，其含量直接或间接地影响作物对养分的需求，在土壤保肥、保水性及营养元素供应方面扮演着重要角色。对于大多数农作物而言，土壤有机质含量越高，对土壤肥力和性状调节效果越好，作物更容易优质高产。土壤有机质更有利于土壤团聚体的形成；有机质也能为微生物提供丰富的碳源和氮源，增加土壤微生物多样性。

（一）主要成分及特性

1. 传统有机肥料

作物生产常用的传统有机肥种类有鸡粪、猪粪、牛粪、羊粪、沼渣沼液、商品有机肥等，其主要成分及特性见表2-1。

表2-1　常见有机肥类型及主要成分、特性

有机肥	主要成分及特性
鸡粪	养分含量高，有机物含量25%、氮1.63%、五氧化二磷1.5%、氧化钾0.85%，含氮磷较多，养分比较均衡，是细肥，易腐熟，属于热性肥料，可作基肥、追肥，用作苗床肥料较好。鸡粪中含有一定的钙，但镁较缺乏，应注意和其他肥料配合施用
猪粪	有机物含量25%、氮0.45%、五氧化二磷0.2%、氧化钾0.6%，含有较多的有机物和氮、磷、钾，氮、磷、钾比例在2∶1∶3左右，质地较细，碳氮比小，容易腐熟，肥效相对较快，是一种比较均衡的优质完全肥料，多作基肥秋施或早春施
牛粪	有机物含量20%、氮0.34%~0.80%、五氧化二磷0.16%、氧化钾0.4%，质地细密，但含水量高，养分含量略低，腐熟慢，属于冷性肥料，肥效较慢，堆积时间长，最好和热性肥料混堆，堆积过程中注意翻倒。可作晚春、夏季、早秋基肥施用
羊粪	有机物含量32%、氮0.83%、五氧化二磷0.23%、氧化钾0.67%，质地细，水分少，肥分浓厚，发热特性比马厩肥略次，是迟、速兼备的优质肥料。羊粪适用性广，可作基肥或追肥，适宜用于西甜瓜等作物穴施追肥
秸秆堆肥	有机物含量15%~25%、氮0.4%~0.5%、五氧化二磷0.18%~0.26%、氧化钾0.45%~0.70%，碳氮比高，属于热性肥料，分解较慢，但肥效持久，长期施用可以起到改土的作用，多用作基肥
沼渣与沼液	沼渣与沼液是秸秆与粪尿在密闭厌氧条件下发酵后沤制而成的，含有丰富的有机质，氮、磷、钾等营养成分及氨基酸、维生素、酶、微量元素等生命活性物质，是一种优质、高效、安全的有机肥料。沼渣质地细，安全性好，养分齐全，肥效持久，可作基肥、追肥；沼液是一种液体速效有机肥料，可叶面喷施、浸种或与高效速溶化肥配合施用作追肥

2. 商品有机肥料

商品有机肥有机质含量≥45%，氮、磷、钾总养分含量≥5.0%，养分配比合理，营养元素齐全，有机质含量高，培肥改良土壤能力强，具有洁净性和完熟性两大特点，安全性好。养分相对含量低，释放缓慢，宜作基肥，配合化肥追肥施用效果最好。有机肥料的外观颜色为褐色或灰褐色，粒状或粉状，均匀，无恶臭，无机械杂质。商品有机肥料的技术指标应符合表 2-2 条件。

表 2-2　商品有机肥料的技术指标

项目	指标
有机质的质量分数（以烘干基计），%	≥30
总养分（$N+P_2O_5+K_2O$）的质量分数（以烘干基计），%	≥4.0
水分（鲜样）的质量分数，%	≤30
酸碱度（pH）	5.5~8.5
种子发芽指数（GI），%	≥70
机械杂质的质量分数，%	≤0.5
总砷（As），mg/kg	≤15
总汞（Hg），mg/kg	≤2
总铅（Pb），mg/kg	≤50
总镉（Cd），mg/kg	≤3
总铬（Cr），mg/kg	≤150
粪大肠菌群数，个/g	≤100
蛔虫卵死亡率，%	≤95
粪大肠杆菌群数，个/g	≤100

（二）不同有机肥料养分含量

有机肥中超过 50%的氮素为有机氮，需经过矿化释放出无机氮才能被作物吸收利用。因此合理的有机无机配施才是确保作物优质高产、生态环境友好和集约化生产条件下农业可持续发展的最佳施肥策略。即根据作物目标产量和土壤肥力状况（土壤检测结果），计算出作物所需的总养分量，然后结合地块状况、培肥地力目标，推荐有机肥用量，并计算出有机肥所能提供的有效养分；然后从作物生长需要的总养分量里扣除有机肥提供的养分，不足的养分通过化肥来补充，最终确定有机无机肥料的最佳施用量及最佳施用比例，实现耕地质量培肥和作物生产增产、增效。主要有机肥养分含量见表2-3。

表2-3 主要有机肥养分含量

名称	风干基			鲜基		
	N（%）	P（%）	K（%）	N（%）	P（%）	K（%）
粪尿类	4.869	0.802	3.011	0.605	0.175	0.411
猪粪	2.090	0.817	1.082	0.547	0.245	0.294
猪尿	12.126	1.522	10.679	0.166	0.022	0.157
猪粪尿	3.773	1.095	2.495	0.238	0.074	0.171
马粪	1.347	0.434	1.247	0.437	0.134	0.381
马粪尿	2.552	0.419	2.815	0.378	0.077	0.573
牛粪	1.560	0.382	0.898	0.383	0.095	0.231
牛尿	10.300	0.640	18.871	0.501	0.017	0.906
牛粪尿	2.462	0.563	2.888	0.351	0.082	0.421
羊粪	2.317	0.457	1.284	1.014	0.216	0.532
鸡粪	2.137	0.879	1.525	1.032	0.413	0.717
鸭粪	1.642	0.787	1.259	0.714	0.364	0.547
堆沤肥类	0.925	0.316	1.278	0.429	0.137	0.487
堆肥	0.636	0.216	1.048	0.347	0.111	0.399
沤肥	0.635	0.250	1.466	0.296	0.121	0.191
猪圈粪	0.958	0.443	0.950	0.376	0.155	0.298
马厩肥	1.070	0.321	1.163	0.454	0.137	0.505
牛栏粪	1.299	0.325	1.820	0.500	0.131	0.720
羊圈粪	1.262	0.270	1.333	0.782	0.154	0.740
土粪	0.375	0.201	1.339	0.146	0.120	0.083
秸秆类	1.051	0.141	1.482	0.347	0.046	0.539
水稻秸秆	0.826	0.119	1.708	0.302	0.044	0.663
小麦秸秆	0.617	0.071	1.017	0.314	0.040	0.653
玉米秸秆	0.869	0.133	1.112	0.298	0.043	0.384

（续表）

名称	风干基			鲜基		
	N（%）	P（%）	K（%）	N（%）	P（%）	K（%）
油菜秸秆	0.816	0.140	1.857	0.266	0.039	0.607
绿肥类	2.417	0.274	2.083	0.524	0.057	0.434
紫云英	3.085	3.901	2.065	0.391	0.042	0.269
苕子	3.047	0.289	2.141	0.632	0.061	0.438
草木樨	1.375	0.144	1.134	0.260	0.036	0.440
豌豆	2.470	0.241	1.719	0.614	0.059	0.428
三叶草	2.836	0.293	2.544	0.643	0.059	0.589
茅草	0.749	0.109	0.755	0.385	0.054	0.381
饼肥	0.428	0.519	0.828	2.946	0.459	0.677
豆饼	6.684	0.440	1.186	4.838	0.521	1.338
菜籽饼	5.520	0.799	1.042	5.195	0.853	1.116
花生饼	6.915	0.547	0.962	4.123	0.367	0.801
芝麻饼	5.079	0.731	0.564	4.969	1.043	0.778
茶籽饼	2.926	0.488	1.216	1.225	0.200	0.845
棉籽饼	4.293	0.541	0.760	5.514	0.967	1.243
酒渣	2.867	0.330	0.350	0.714	0.090	0.104
木薯渣	0.475	0.054	0.247	0.106	0.011	0.051
海肥类	2.513	0.579	1.528	1.178	0.332	0.399
农用废渣液	0.882	0.348	1.135	0.317	0.173	0.788
城市垃圾	0.319	0.175	1.344	0.275	0.117	1.072
腐殖酸类	0.956	0.231	1.104	0.438	0.105	0.609
褐煤	0.876	0.138	0.950	0.366	0.040	0.514
沼气发酵肥	6.231	1.167	4.455	0.283	0.113	0.136
沼渣	12.924	1.828	9.886	0.109	0.019	0.088
沼液	1.866	0.755	0.835	0.499	0.216	0.203

（三）有机肥料的作用

1. 有机肥的优缺点

我国农民有使用有机肥的传统，十分重视有机肥的使用。美国、西欧、日本等发达国家和地区，正在发展“生态农业”“有机农业”，十分重视使用有机肥料，并把有机肥料规定为生产绿色食品的主要肥源。

施用有机肥料最重要的优点就是增加了土壤中的有机物质。有机质的含量虽然只占耕层土壤总量的百分之零点几至百分之几，但它是土壤的核心成分，是土壤肥力的主要物质基础。有机肥料对土壤的结构、土壤中的养分、能量、酶、水分、通气和微生物活性等具有十分重要的影响。

有机肥料含有植物需要的大量营养成分，对植物的养分供给比较平缓持久，有很长的后效。有机肥料还含有多种微量元素。有机肥料中各种营养元素比较完全，而且这些物质完全是无毒、无害、无污染的自然物质，这就为生产高产、优质、无污染的绿色食品提供了必需条件。有机肥料含有多种糖类，施用有机肥增加了土壤中各种糖类。有了糖类，有了有机物在降解中释放的大量能量，土壤微生物的生长、发育、繁殖活动就有了能源。

畜禽粪便中带有动物消化道分泌的各种活性酶，以及微生物产生的各种酶。施用有机肥大大提高了土壤的酶活性，有利于提高土壤的吸收性能、缓冲性能和抗逆性能。施用有机肥料增加了土壤中的有机胶体，把土壤颗粒胶结起来，变成稳定的团粒结构，改善了土壤的物理、化学和生物特性，提高了土壤保水、保肥和透气性能，为植物生长创造良好的土壤环境。

有机肥在土壤中分解，转化形成各种腐殖酸物质。能提高植物体内的酶活性、促进物质的合成、运输和积累。腐殖酸是一种高分子物质，阳离子代换量高，具有很好的络合吸附性能，对重金属离子有很好的络合吸附作用，能有效地减轻重金属离子对作物的毒害，并阻止其进入植株中。这对生产无污染的安全、卫生的绿色食品十分有利。

但是使用有机肥料也存在养分含量低、不易分解、不能及时满足作物高产要求的不足。传统的有机肥的积制和使用也很不方便。人畜禽粪便、垃圾等有机废物又是一类脏、烂、臭物质，其中含有许多病原微生物，或混入某些毒物，是重要的污染源，尤其值得注意的是，随着现代畜牧业的发展，饲料添加剂应用越来越广泛，饲料添加剂往往含有一定量的重金属，这些重金属随畜粪便排出，会严重污染环境，影响人的身体健康。

2. 有机肥在农业生产中的作用

（1）改良土壤，提高耕地质量

有机肥料中的主要物质是有机质，施用有机肥料增加了土壤中的有机质含量。有机质可以改良土壤物理、化学和生物特性，熟化土壤，培肥地力。中国农村的“地靠粪养、苗靠粪长”的谚语，在一定程度上反映了施用有机肥料对于改良土壤的作用。施用有机肥料既增加了许多有机胶体，同时借助微生物的作用把许多有机物也分解转化成有机胶体，这就大大增加了土壤吸附表面，并且产生许多胶黏物质，使土壤颗粒胶结起来变成稳定的团粒结构，提高了土壤保水、保肥和透气的性能，以及调节土壤温度的能力。施用有机肥料，还可使土壤中的微生物大量繁殖，特别是许多有益的微生物，如固氮菌、氨化菌、纤维素分解菌、硝化菌等。有机肥料中有动物消化道分泌的各种活性酶，以及微生物产生的各种酶，这些物质施入土壤后，可大大提高土壤的酶活性。多施有机肥料，可以提高土壤活性和生物繁殖转化能力，从而提高土壤的吸收性能、缓冲性能和抗逆性能。

（2）增加作物产量，改善农产品品质

有机肥料含有植物所需要的大量营养成分，各种微量元素、糖类和脂肪。据分析，猪粪中含有全氮 2.91%、全磷 1.33%、全钾 1.0%，有机质 77%。畜禽粪便中含硼 21.7 ~ 24mg/kg，锌 29 ~ 290mg/kg，锰 143 ~ 261mg/kg，钼 3.0 ~ 4.2mg/kg，有效铁 29 ~ 290mg/kg，有机肥中除含有主要元素外，还含有作物生长需要的其他微量元素。有机肥营养全面，影响果实的水分、糖、酸、果胶、色素、香气等。合理施用有机肥，有助于改善作物品质，提高产品市场竞争力。有机质与重金属离子形成螯合物，易溶于水并从土壤中排出，可减轻重金属污染，对发展有机农业、绿色农业和无公害农业有重要意义。

(3) 生产绿色食品的主要肥源

安全优质的绿色食品在西欧、美国等生活水准较高的国家和地区受到欢迎。尽管绿色食品价格比一般食品高 50%~200%，但仍然走俏。近十年中国人民的生活水平迅速提高，对绿色食品的需求日益增加，加上政府部门的倡导和重视，中国绿色食品的生产发展很快。

在“有机农业和食品加工基本标准”（IFOAM）中，就有关于肥料使用方面的规定，其要点是“增进自然体系和生物循环利用，使足够数量的有机物返回土壤中，用于保持和增加土壤有机质、土壤肥力和土壤生物活性”，“无机肥料只被看作营养物质循环的补充物而不是替代物”，“化学合成的肥料和化学合成的生长调节剂的使用，必须限制在不对环境和作物质量产生不良后果，不使作物产品有毒物质残留积累到影响人体健康的限度内”。这些规定表明，在绿色食品生产中必须十分注意保护良好的生态环境，必须限制无机肥料的过量使用，有机肥料（包括绿肥和微生物肥料）才是生产绿色食品的主要肥源。

(4) 减少化肥施用

用有机肥替代部分化肥，并协调、平衡两者施用比例，可以减少化肥用量，提高肥料利用率。另外，有机肥中的养分大多呈有机态，必须经过微生物分解转化为无机态后方可被作物吸收。这一养分转化释放过程相对缓慢且持久，使有机肥肥效均衡，后劲较足。

(5) 有助于循环农业发展

目前，畜禽粪污处理与资源化利用主要有 3 种模式，即肥料化利用、能源化利用和工业化处理，其中肥料化利用和能源化利用是主要方向，将畜禽粪便用作肥料施进农田是发展循环农业的重要环节。传统农家肥直接入田用量大、用工多，且其成分复杂、肥料变化大，商品有机肥成为弥补农家肥不足之处的重要产品。

3. 有机肥料施用注意事项

有机肥虽然效果很好，但并不是万能的。有机肥料所含养分并不平衡，不能满足作物高产优质的需要。因此在施用有机肥时可以按要求配施化肥，并在作物生长期间配施各种叶面肥。相较于其他的肥料，有机肥分解相对较慢，肥效较迟。虽然它的营养元素含量全，但含量较低，在土壤中分解较慢。因此专家建议，把有机肥与化肥配合施用，二者取长补短，发挥各自的优势。

一般来讲，在使用有机肥之前，最好经过发酵处理。由于许多有机肥料带有病菌、虫卵和杂草种子，这些不利于作物的健康生长，所以要经过加工处理后才能施用。腐熟的有机肥不宜与碱性肥料混用，若与碱性肥料混合，会造成氨的挥发，降低有机肥养分含量，从而导致营养失衡。同时生物有机肥含有较多的有机物，不宜与硝态氮肥混用。

第二节　生产工艺

一、设备材料

有机肥生产必须经过发酵、粉碎、混合、造粒、烘干、冷却、筛分的过程，其中发酵过程和粉碎过程尤为重要。有机肥料生产设施设备包括前期发酵的发酵设备、粉碎机、筛分机等和后期造粒部分的搅拌机、造粒机、烘干机等。

（一）主要设备

1. 发酵翻堆机

发酵翻堆机适用于畜禽粪便、污泥垃圾、糖厂滤泥、糟渣饼粕和秸秆锯末等有机废弃物的发酵翻堆，适用于好氧发酵，可与太阳能发酵室、发酵槽和移行机配套使用。与配套的发酵槽使用既可连续出料也可批量出料，效率高、运行平稳、坚固耐用、翻抛均匀。

2. 半湿物料粉碎机

本设备对生物发酵有机肥物料水分允许值达到25%~50%，粉碎粒度达到造粒标准，也可以根据客户要求在一定范围内调整。对城市生活垃圾有机肥中的玻璃、陶瓷、砖头、碎石等坚硬物质起到研磨作用，达到了安全加工使用效果。该设备对于有机肥，堆肥生产缩短工艺流程。

3. 烘干机

脱水后的湿物料加入烘干设备后，在滚筒内均布的抄板器翻动下，物料在烘干设备内均匀分散，与热空气充分接触，加快了烘干传热、传质。在干燥过程中，物料在带有倾斜度的抄板和热气质的作用下，至烘干设备另一端星形卸料阀排出成品。

4. 造粒机

该机是在 KP−350 颗粒压制机基础上，配置适合的抛圆装置，使圆柱状颗粒一次滚制成球、无返粒、成球率高、强度好、美观适用，是当今有机肥制球状颗粒的理想设备。

（二）设备分类

1. 粉碎机

常见设备：按工作形态分类有立式粉碎机、卧式粉碎机等；按工作原理分类有滴水粉碎机、高湿粉碎机、半湿粉碎机等；按用途分类有尿素粉碎机等。

2. 搅拌机

常见设备：按工作形态分类有盘式搅拌机、卧式搅拌机等；按工作原理分类有双轴搅拌机、强制式双轴搅拌机等。

3. 筛分机

常见设备：按工作形态分类有滚筒筛分机、振动筛分机等；按工作原理分类有固液分离机等。

4. 输送机

常见设备：按工作形态分类有斗式提升机、皮带输送机（大倾角皮带输送机、移动式皮带输送机）等；按工作原理分类有螺旋输送机等。

5. 造粒机

常见设备：按工作形态分类有圆盘造粒机、转鼓造粒机等；按工作原理分类有挤压造粒机、抛圆造粒机、湿法造粒机等；按用途分类有生物有机肥造粒机等。

6. 烘干机

常见设备：按工作形态分类有滚筒式烘干机、三回程烘干机等；按工作原理分类有三回程烘干机等；按用途分类有猪粪烘干机、鸡粪烘干机、牛粪烘干机、羊粪烘干机等。

7. 配套设备

常见设备有尿集喷浆系统、自动配料系统、回转包膜机、回转式冷却机、定量包装称、移动式翻抛机等。

（三）维护保养

机器的维护保养是一项极其重要的经常性的工作，它应与机器的操作和检修等密切配合，须有专职人员进行值班检查。

二、工艺流程

（一）工艺流程详解过程

有机肥料生产整个工艺流程可以简单分为前处理、一次发酵、后处理三个过程。

1. 前处理

堆肥原料运到堆场后，经磅秤称量后，送到混合搅拌装置，不能厂内生产、生活有机废水混合，必须用清水。然后加入有机生物发酵复合菌（每吨原料加 1～2kg），并按原料成分（鸡粪：木薯渣或菇渣：秸秆=6：2：2）粗调堆有机肥料水分 60%～65%、碳氮比为（20～30）：1，混合后进入下一工序。配料时须先将红糖用水溶化，再加入有机肥发酵生物菌充分搅匀，然后将稀释液均匀泼洒在原材料上，并用搅拌机充分翻搅均匀。注意堆肥原料应提前几个小时处理，用水浸透，用于稀释生物发酵菌的水应是不带消毒剂（如漂白粉等）的饮用水。

2. 一次发酵

将混合好后的原料用装载机送入一次发酵车间，堆成发酵堆，同时 2d 左右进行翻堆，并补充水分和养分，控制发酵温度在 50～65℃

（用手摸烫手），进行有氧发酵。本工程一次发酵周期为8d，每天进一池原料出一池半成品，发酵好的半成品出料后，准备进入下一工序。

3. 后处理

进一步对堆肥成品进行筛分，筛下物根据水分含量高低分别进行处理。筛下物造粒后，送入烘干机进行烘干，按比例添加各种添加物后搅拌，混合后制成成品，进行分装，入库待售。筛上物返回粉碎工序进行回用。

综上所述，整个工艺流程具体包括新鲜作物秸秆物理脱水→干原料破碎→分筛→混合（菌种、鲜畜禽粪便、粉碎的农作物秸秆按比例混合）→堆腐发酵→温度变化观测→鼓风、翻堆→水分控制→分筛→成品→包装→入库。

（二）堆肥实施阶段

1. 原料混匀

主料为畜禽粪便，对配料（秸秆、废弃烟叶、种植加工废弃物等）进行粉碎，加入有机生物菌肥，可适当添加一些磷矿粉、钾矿粉，磷矿粉尽量采购中品位磷矿（全磷含量>18%），向有机肥原料中添加磷矿粉的用量需考虑原料的酸碱度，弱酸性原料中可多加磷矿粉，中性和微碱性原料中少添加天然硫酸钾镁肥等，调节物料的养分和碳氮比、碳磷比、pH值等。处理后原料含水率控制在60%~65%，碳氮比（20~30）：1。生产生物有机肥需加有益菌和功能菌剂，需在发酵高温期过后物料温度小于40℃时添加、桨叶式翻抛机可将槽内物料分段进行控制，方便操作。充分利用设备的配料搅拌功能、发酵搅拌功能、搅拌干燥功能，使生产工艺简单化。本工艺设计为：配料搅拌、发酵、陈化（腐熟）、干燥一体车间，减少物料的多次搬运。注意事项：堆肥前的原料组成中，主要考虑原料的碳氮比和水分，其次是粒径和pH：其中碳氮比合理范围是（20~40）：1，最佳范围是（25~30）：1；水分含量合理范围是40%~65%，最佳范围是50%~60%；粒径合理范围是0.32~1.27cm，具体根据物料、堆体和天气而定；pH值合理范围是5.5~9.0，最佳范围是6.5~8.0。

2. 发酵

有机肥原料发酵采用好氧发酵工艺，采用桨叶式翻抛机、桨叶（旋转齿式、可正反转）切削翻抛物料，翻抛时可使有机物料向后移动，每翻一次向后移动约 2.2m；翻抛机具有搅拌功能，可做搅拌机使用，配料时可使分层铺好的物料搅拌均匀后进入发酵区（或发酵期），这样可大大节省原料预混合设备投资和物料装卸运输及预搅拌工作量。以鸡粪发酵为例，将肉鸡粪、木薯渣和 0.15%的有机物料腐熟剂尽量搅拌均匀，堆制 60～80cm 高的条垛，每隔 2～3d 用翻抛机机械翻堆一次，发酵时温度控制在 70℃以下，一般在 20d 左右能达到无臭效果，即发酵腐熟完全。注意堆肥过程中主要控制好温度的变化。完整的堆肥过程由低温、中温、高温和降温 4 个阶段组成。堆肥温度一般维持在 50～60℃，最高时可达到 70～80℃。堆肥的温度由低逐渐升高的过程，是堆肥无害化的处理过程（堆肥温度在 45～65℃维持 10d，病原菌、虫卵和草籽等均可被杀死）。当堆肥温度上升到 60℃以上，保持 48h 开始翻堆，但当堆肥温度上升超过 70℃时，须立即进行翻堆。翻堆务必均匀彻底，尽量将底层物料翻堆至中上部，以便充分腐熟，翻堆的频率视有机肥腐熟度而定；堆肥中控制好 pH，堆肥初期，由于有机物质分解产生有机酸，pH 值下降。这时，如果酸性太大（pH 值<5.3），可以按照原料重量的 2%～3%加入石灰或草木灰以中和酸度，破坏有机物料表面蜡质加速发酵；堆肥后期，由于氨的积累，pH 值会逐渐升高，当 pH 值>8.5 时，可以加入新鲜绿肥、青草等，使其分解再生有机酸，降低 pH 值。

3. 风干和粉粹过筛

将发酵后的原料运到室外晒场，自然晒干后保证含水量达到 20%以下，即风干结束，将风干后的原料通过粉碎机粉碎后再通过筛网过筛去杂质。建议在堆肥的后处理中（风干前）适当进行二次发酵，尤其针对一次发酵中畜禽粪便比重较大的原料，这样可以避免成品肥施入土壤发生二次发酵时快速繁殖的微生物和蔬菜根系争氧而产生烧根烧苗的现象。

4. 检验、包装

将经过粉碎过筛后的有机原料经检验（送外检）合格后直接定量包装，即为粉状成品有机肥。通过造粒即为粒状成品有机肥。注意送外检前先通过成品肥的颜色、气味等判断是否腐熟完全，完全腐熟的有机成品肥才能申请外检，未腐熟完全的成品肥需要进行后处理（或二次发酵）。外检合格的成品肥可直接装袋或造粒再装袋，外检结果中养分含量不达标的成品肥需返回堆肥车间，添加高养分含量原料再次堆制发酵。

（三）自制农家肥方式

1. 制造堆肥程序

首先把原料秸秆（也可用杂草、落叶、垃圾等含纤维素、半纤维素、木质素的物质）铡成6~7cm长，按秸秆500kg、骡马粪300kg（或猪粪牛粪）、人粪尿100kg的比例混合拌匀，堆成高1.7~2m、宽5~6.7m的长方形大堆，最后浇上700~800kg水，并在堆肥表面盖上一层3~6cm厚的细土，以保温、保水、保肥。约1周后，堆温会上升至60~70℃（冬季时间相对长些），过10d可翻堆1次，再补充水分；再等10d堆温第二次升高后，进行第二次翻堆，再补充水分。堆肥腐熟的标志是堆肥材料（如秸秆）已近黑、烂、臭。这时就可以把堆肥夯紧实，周围用土封严以保住养分备用。

2. 关键步骤

在进行无公害蔬菜的生产时，专家们都推荐使用堆肥等优质有机肥，在堆制堆肥时，为了使堆肥符合国家规定的卫生标准，其关键步骤在于堆肥的升温，一般来说温度必须要升到60~70℃，并且在这个温度上维持6~7d，这样才能达到肥效好，有害生物也能被杀灭的效果。可用一个温度计测量温度，到60℃后维持10d的时间就可以了。

3. 使用方法

堆肥一般作基肥，结合翻地施用，并与土壤充分混合。堆肥适合各种土壤和农作物，通常砂质的土壤可用半腐熟的堆肥，黏重的土壤须用完全腐熟的堆肥。施用堆肥能增加土壤肥力，并补充土壤大量微生物菌群，给农作物带来肥效持久而稳定的氮、磷、钾及钙、镁、硫等有机态肥料，有利于农作物生长。目前发展“绿色农产品”“有机农产品”以及提高土地肥力的复种指数，在生产上提倡施用堆肥等有机肥料是一个必由途径。

（四）无害化处理方式

有机肥料无害化处理的堆、沤方法也很多，但是常用的是采用EM堆腐法、自制发酵催熟堆腐法和工厂化无害化处理等。

1. EM堆腐法

EM是一种好氧和嫌氧有效微生物群，主要由光合细菌、放线菌、酵母菌和乳酸菌等组成，在农业和环保上有广泛的用途。它具有除臭、杀虫、杀菌、净化环境和促进植物生长等多种功能。用它处理人、畜粪便作堆肥，可以起到无害化作用，其具体方法如下。

（1）购买EM原液。然后，按清水100mL和蜜糖或红糖20~40g、M酪100mL、烧酒（含酒精30%~35%）100mL和EM原液50mL的配方，配制成备用液。

（2）将人、畜粪便风干至含水量为30%~40%。

（3）取稻草、玉米秸秆和青草等，铡成长1.5cm的碎料。加少量米糠拌和均匀，作堆肥时的膨松物。

（4）将稻草等膨松物与粪便按重量10：100混合搅拌均匀，并在水泥地上铺成长约6m、宽约1.5m、厚20~30cm的肥堆。

（5）在肥堆上薄薄地撒上一层米糠或麦麸等物，然后再洒上EM备用液，每1 000kg肥料洒1 000~1 500mL。

（6）按同样的方法，在上面再铺第二层。每一堆肥料铺3~5层后，上面盖好塑料薄膜发酵。当肥料堆内温度升到45~50℃时翻动1次。一般要翻动3~4次才能完成。完成后，一般肥料中长有许多白色的霉毛，并有一种特别的香味，这时才可以施用。一般夏天要7~15d才能处理好，春天要15~25d，冬天则更长。肥料中水分过多会使堆肥失败，产生恶臭味。各地要根据具体条件，反复试验、摸索才行。

2. 自制发酵催熟堆腐法

如果当地买不到EM原液，也可以自制发酵催熟粉来代替，采用自制发酵催熟堆腐法进行处理。其方法如下。

（1）发酵催熟粉的制备

准备好所需原料：米糠（稻米糠、小米糠等各种米糠）、油饼（菜籽饼、花生饼、蓖麻饼等）、豆粕（加工豆腐等豆制品后的残渣，无论何种豆类均可）、糖类（各种糖类和含糖物质均可）、泥类或黑炭粉或沸石粉和酵母粉。按米糠 14.5%、油饼 14.0%、豆粕 13.0%、糖类 8.0%、水 50.0%和酵母粉 0.5%的比例配方，先将糖类加于水中，搅拌溶解后，加入米糠、油饼和豆粕，经充分搅拌混合后堆放，在 60℃ 以上的温度下发酵 30～50d。然后用黑炭粉或沸石粉按 1∶1 重量的比例，进行掺和稀释，仔细搅拌均匀即成。

（2）堆肥制作

先将粪便风干至含水分 30%～40%。将粪便与切碎稻草等膨松物按重量 100∶10 的比例混合，每 100kg 混合肥中加入 1kg 催熟粉，充分拌和均匀，然后在堆肥舍中堆积成高 1.5～2.0m 的肥堆，进行发酵腐熟。在发酵期间，根据堆肥的温度变化，可以判定堆肥的发酵腐熟程度。当气温 15℃时，堆积后第三天，堆肥表面以下 30cm 处的温度可达 70℃，堆积 10d 后可进行第一次翻混。翻混时，堆肥表面以下 30cm 处的温度可达 80℃，几乎无臭。第一次翻混后 10d，进行第二次翻混。翻混时，堆肥表面以下 30cm 处的温度为 60℃。再过 10d 后，第三次翻混时，堆肥表面以下 30cm 处的温度为 40℃，翻混后的温度为 30℃，水分含量达 30%左右。之后不再翻混，等待后熟。后熟一般需 3～5d，最多 10d 即可。后熟完成，堆肥即制成。这种高温堆腐，可以把粪便中的虫卵和杂草种子等杀死，大肠杆菌也可大为减少，达到有机肥无害化处理的目的。

3. 工厂化无害化处理

如果有大型畜牧场和家禽场，因粪便较多，可采用工厂化无害化处理。主要是先把粪便收集集中，然后进行脱水，使水分含量达到 20%～30%。然后把脱过水的粪便输送到一个专门蒸汽消毒房内，蒸汽消毒房的温度不能太高，一般为 80～100℃。温度太高易使养分分解损失。肥料在消毒房内不断运转，经 20～30min 消毒，杀死全部的虫卵、杂草种子及有害的病菌等。消毒房内装有脱臭塔除臭，臭气通过塔内排出。然后将脱臭和消毒的粪便，配上必要的天然矿物，如磷矿粉、白云石和云母粉等，进行造粒，再烘干，即成有机肥料。其工艺流程如下：粪便集中、脱水、消毒、除臭、配方搅拌、造粒、烘干、过筛、包装、入库。总之，通过有机肥的无害化处理，可以达到降解有机污染物和生物污染的目的。

（五）腐熟程度控制

农业类有机物料（原料）腐熟的好坏，是鉴别有机肥质量的一个综合指标。我国各地利用各种工农业有机固体废弃物生产园艺作物栽培基质或堆制有机肥料的产业十分盛行。由于国内尚缺少科学统一的产品质量标准与工艺流程，市场上流通的相关产品质量良莠不齐，经常发生由于使用未充分腐熟的基质或有机肥，造成蔬果、花木、草坪草等的育苗或栽培遭遇种种生长障碍，如抑制发芽、“烧根”、僵苗、黄化、生长衰弱甚至死株。主要原因在于未充分腐熟发酵。作为原料的秸秆类、畜粪类，在腐熟分解过程中的中间产物酚酸类和氨等，成为作物发芽与生长抑制物质残存于产品中，使用后就出现上述生长障碍，给生产造成难以挽回的损失。

1. 腐熟条件

堆肥腐熟良好的条件如下。

（1）水分

保持适当的含水量，是促进微生物活动和堆肥发酵的首要条件。一般以堆肥材料量最大持水量的60%～75%为宜。

（2）通气

保持堆中有适当的空气，有利于好气微生物的繁殖和活动，促进有机物分解。高温堆肥时更应注意堆积松紧适度，以利通气。

（3）保持中性或微碱性环境

可适量加入石灰或石灰性土壤，中和调节酸度，促进微生物繁殖和活动。

（4）碳氮比

微生物对有机质正常分解作用的碳氮比为25∶1。而豆科绿肥碳氮比为（15~25）：1、杂草为（25~45）：1、禾本科作物秸秆为（60~100）：1。因此根据堆肥材料的种类，加入适量的含氮较高的物质，以降低碳氮比值，促进微生物活动。

2. 腐熟特征

可根据其颜色、气味、秸秆硬度、堆肥浸出液、堆肥体积、碳氮比及腐殖化系数来判断。

① 从颜色气味看，腐熟堆肥的秸秆变成褐色或黑褐色，有黑色汁，具有氨臭味，用铵试剂速测，其铵态氮含量显著增加。

② 秸秆硬度，用手握堆肥，温时柔软而有弹性；干时很脆，易破碎，有机质失去弹性。

③ 堆肥浸出液，取腐熟堆肥，加清水搅拌后［肥水比例 1：（5~10）］，放置 3~5min，其浸出液呈淡黄色。

④ 堆肥体积，比刚堆时缩小 1/2~2/3。

⑤ 碳氮化，一般为（20~30）：1（以 25：1 最佳）

⑥ 腐殖化系数，为 30%左右。

达到上述指标的堆肥，是肥效较好的优质堆肥，可施于各种土壤和作物。坚持长期施用，不仅能获得高产，对改良土壤、提高地力都有显著的效果。

有机肥生产的原料多种多样，前期的时候有机肥原料需要发酵处理。影响发酵效果的因素有很多种，其中比较重要的有以下几点。

（1）含水量

好氧堆肥物料的含水量一般保持在 45%~65%。含水量过大，物料间隙含氧不能满足微生物对氧的需求；含水量过小，可溶有机质流动性变差，阻止养分对微生物的供应。

（2）供氧量和温度

好氧堆肥的实际通风时间根据堆温测量控制。初期可以减少翻堆次数有利于堆温升高，当温度升高到 70℃左右时，要及时翻堆，使堆温不至于超过 70℃。70℃以上时，微生物呈孢子状态，微生物的活性几乎为零。

（3）pH 值

在堆肥过程中，物料的 pH 值会随着发酵阶段的不同而变化，但其自身有调节的能力。pH 值在 5~8 对堆肥无影响，偏离此范围，要对物料进行调节，如掺入成品堆肥。堆肥结束时的 pH 值几乎都在 8.5 左右。

（4）碳氮比

一般控制在 25 左右，不合适时要掺入其他物料调节。

（5）团粒度

控制在 15~50mm 为宜。

三、质量控制

（一）有机肥料原材料选择

原材料的优劣是生产有机肥料的基础，筛选能够符合要求的原材料是生产有机肥料的第一步工作，因此对原料作一个比较系统的分析比较是必要的。

1. 适用类原料

适用类原料分为 4 大类：种植业废弃物、养殖业废弃物、加工类废弃物和天然原料。

（1）种植业废弃物

谷、麦及薯类秸秆；豆类作物秸秆；油料作物秸秆；园艺作物及其他作物秸秆、林草废弃物。

（2）养殖业废弃物

畜禽粪尿及畜禽圈舍垫料（植物类）、废饲料。

（3）加工类废弃物

麸皮、稻壳、菜籽饼、大豆饼、花生饼、芝麻饼、油葵饼、棉籽饼、茶籽饼等种植业加工过程中的副产物。

（4）天然原料

草炭、泥炭、褐煤等。

2. 评估类原料

评估类原料是指需要通过安全评估才能用于生产有机肥。使用评估类原料生产有机肥，需符合相关安全性评价指标，提供相关合格的佐证材料。需要评估的原料如下。

（1）植物源性中药渣

需要检测重金属、抗生素及所用有机浸提剂含量等指标，需要佐证材料有有机浸提剂说明及相关检测报告。

（2）厨余废弃物（经分类和陈化）

需要检测盐分、油脂蛋白质代谢物（氨类）、黄曲霉素、种子发芽指数等指标，需要佐证材料有处理工艺说明及检测报告，处理工艺主要为脱盐、脱油、固液分离等。

（3）骨胶提取后的剩余骨粉

需要检测化学萃取剂品种及含量等指标，需要佐证材料有化学萃取剂说明及检测报告。

（4）蚯蚓粪

需要检测重金属含量等，需要佐证材料有养殖原料说明及检测报告。

（5）食品及饮料加工有机废弃物

指酒糟、酱油糟、醋糟、味精渣、酱糟、酵母渣、薯渣、玉米渣、糖渣、果渣、食用菌渣等，需要检测盐分、重金属含量指标，需要提供佐证材料有生产工艺说明及检测报告，生产工艺主要包括化学添加剂的种类及含量说明。

（6）糠醛渣

需要检测持久有机污染物指标，并提供相关检测报告。

（7）水产养殖废弃物

指鱼杂类、蛏子、鱼类、贝杂类、海藻类、海松、海带、蛤蜊皮、海草、海绵、蕴草、苔条等，都需要检测盐分、重金属含量指标，提供佐证材料为相关检测报告及生产工艺说明。

（8）沼渣/沼液

仅限限种植业、养殖业、食品及饮料加工业的沼渣沼液，都需要检测盐分、重金属含量指标，提供佐证材料为相关检测报告及生产工艺说明。

以上佐证材料包括但不限于原料、成品全项检测报告，产品对农田环境（土壤、作物、生物、微生物、地下水、地表水、生态环境等）的安全性影响评价资料，原料无害化处理、生产工艺措施及认证等。

3. 禁用类原料

禁止选用粉煤灰、钢渣、污泥、生活垃圾（经分类陈化后的厨余废弃物除外）、含有外来入侵物种物料和法律法规禁止的物料等存在安全隐患的禁用类原料。

（二）生产过程质量控制

当前的有机肥原料市场出现许多新现象，也给生产厂家提出了新问题，需要改变有机肥配方来解决问题。例如，养殖场为了提高饲料适口性，也为了提高养殖生长速度，在动物饲料中增加食盐用量，造成鸡粪、猪粪含盐量很高。有的农户购买大量鸡粪，未经发酵、稀释而直接施用，土壤中 Cl^- 浓度太高，造成盐害，对草莓等“非耐盐作物”十分有害。养牛场为了保证清洁卫生，用大量生石灰消毒地面，结果牛粪显示强碱性，有的牛粪 pH 值≥9，其实原因就在于此。如果大量施用这种牛粪，会提高土壤 pH 值，蔬菜一般适宜中性、微酸性土壤，施用碱性很强的牛粪，显然不适合。一些养牛场附近，农户就近购买施用牛粪，但大棚蔬菜生长不良，主要原因就是碱性太强，而且未经发酵，碳氮比高，补氮素不足。因此，在以鸡粪为主要原料生产有机肥时，需要加入水溶性盐很少的原料，用于稀释有机肥中氯离子的浓度。以牛粪作为主要原料生产有机肥时，要充分发酵，产生大量有机酸，用以中和石灰的强碱性。控制生产过程，采用适宜的办法，生产出酸碱度适宜的有机肥。

1. 减少养分损失

减少养分损失有机肥料生产过程中很多环节造成养分损失，一是发酵造成养分的损失，有机肥料中的有机氮在发酵过程中被分解成无机态氮，以氨气形式挥发损失，可加入一些强吸附性物质于有机肥料原料中，如沸石、粉末状过磷酸钙、草炭等，减少发酵过程中的养分损失。很多有机肥料厂露天堆放有机肥料原料，降水时有机肥料原料中的速效养分，尤其是钾，容易随着降水淋失。

2. 防止养分降低

在发酵前的原料混料时加入各种辅料，可以保证有机肥料发酵腐熟，保证水分、通气、碳氮比等微生物活动必需的条件。但加入辅料会导致肥料的养分含量降低，在有机肥料生产过程中辅料的数量与种类要多加注意。在保证发酵所需的条件下，尽量加入养分含量高的辅料，减少辅料的用量。此外，有机肥料厂的加工条件要进行改造，减少用土质地面堆放加工原料，减少土混入肥料中去。

3. 充分发酵腐熟

保证充分发酵是有机肥生产的关键环节。控制有机肥料的发酵过程，发酵不充分的有机肥料，施到土壤中容易传染病虫害和烧苗；而发酵过度的有机原料，严重损失肥料中养分。因此，要恰到好处地控制发酵。几种腐熟鉴定法简介如下。

（1）塑料袋法（以畜禽粪尿为主的堆肥）

将以畜禽粪尿为主的堆肥产品装入塑料袋密封。若塑料袋不鼓胀，就可断定堆肥产品已腐熟（因未发酵肥料会产生气体）。

（2）发芽试验法

将风干产品5g放入200mL烧杯中，加入60℃的温水100mL浸泡3h后过滤有机肥原料发酵。将滤出汁液取10mL，倒进铺有二层滤纸的培养皿，排种100粒白菜、萝卜、黄瓜或番茄的种子，进行发芽试验过程。另设对照，培养皿中使用的是蒸馏水，种子与发芽试验方法与上相同，一般认为发芽率为对照区的90%以上，说明产品已腐熟合格。此法对鉴定含有木质纤维材料的产品尤其适用。

（3）蚯蚓法

准备几条蚯蚓以及杯子、黑布。杯子里放入弄碎的产品，然后把蚯蚓放进去，用黑布盖住杯子，如蚯蚓潜入产品内部，表示腐熟，如爬在堆积物上面不肯潜入堆中，表明产品未充分腐熟，内有苯酚或氨气残留。

4. 控制有毒有害物质

有机肥料中的有毒有害污染物、有害微生物、抗生素、兽药以及代谢的中间体等也可能迁移到土壤、农产品中，进而危害人体健康。

5. 减少环境污染

有机肥生产过程中特别要注意减少环境污染。

第三节　发展现状和前景展望

一、发展现状

（一）有机肥料产业现状

1. 有机肥料产业发展规模

肥料是农业生产中的重要生产资料，农业的持续健康发展和农作物产量的提高离不开肥料。肥料因其养分含量高、增产效果显著、肥力见效快，在农业生产中被广泛应用。目前，中国的化肥生产量与使用量在世界居于首位。在化肥的生产方面，现阶段的主要化肥品种已经出现生产过剩的状态。随着中国绿色发展理念的提出和相关政策的出台落地，迫切需要减少传统化肥的使用量和生产量，同时向有机肥料方向转变，有机肥料产业的发展将呈现出快速增长的模式。

随着消费升级带来有机肥料的需求量增加，中国的有机肥料产业快速发展。从企业数量上来看，有机肥料相关企业数量增长较快，据企查查数据显示，2016—2022 年有机肥料相关企业年均增长 10 000 家以上。企业数量的不断增长，足以看出有机肥料的市场潜力巨大，且有较大的发展空间。

2. 有机肥料产业的市场规模

随着农业绿色发展的新要求以及人民对食物质量需求的提升，有机肥料行业将会迎来较大的发展机遇。一是过度的传统化肥使用造成了土壤肥力下降、土壤板结等现象，土地越来越不适合农作物的生长。亟待开发新型的肥料，减少能源的消耗。二是有机肥料和化肥的混合使用，在减少了能源消耗的同时，使得产品品质和质量都有了提高，是未来肥料的发展方向之一。三是随着相关科技水平的不断提高和研发水平的不断深入，有机肥料向着多样化的方向发展，并随着节水农业的不断发展和水肥一体等方式的提出，水溶性有机肥料将会被越来越多的人所接纳。随着中国经济社会的不断发展，人民收入的不断增加，生活水平的逐步提高，对食品安全和食品质量的要求进入了一个新的阶段。有机肥料的出现满足了社会经济发展的需要，其发展规模不可低估。目前，发达国家的有机肥料利用率已达到45%~60%。假设中国的有机肥料消费量占全部化肥消费量的10%，其市场规模可达1 400亿元。近年来，中国发布了相关政策，促进农业的绿色发展和有机肥料产业的发展，以倡导有机农业、绿色消费，绿色产业得到市场和政策的支持。2019年，有机肥料市场规模达到1 020亿元，2022年达到1 500亿元，2023年超过2 000亿元，有机肥产量包括固体、液体和气体肥料，增长迅速。

3. 有机肥料产业的经营方式

现阶段中国主要有机肥企业生产的肥料大致可分为3种模式：第一种是精制有机肥，主要为土壤提供有机质和少量养分，是有机农产品和绿色农产品的主要肥料，生产企业占31%左右；第二种是有机无机混合肥料，不仅有一定的有机质含量，而且营养成分含量相对较高，生产企业占58%，是目前有机肥企业主要的生产企业类型；第三种是生物有机肥，其中不仅含有高有机质，还含有能提高土壤释放养分能力的功能性细菌，生产企业占11%。

（二）有机肥料利用现状

1. 有机肥料的主要使用范围

有机肥料的使用具有明显的地域特征。从生产地的注册数量上来看，山东省2020年的有机肥料相关企业注册数量最多为1.33万家，其次是河北省，相关企业的注册数量为0.73万家；从相关企业的主要注册地的分布来看，有机肥料的主要使用地域为以蔬菜种植为主的山东省等地。而对于部分产粮大省，如黑龙江等，则有机肥料相关企业的注册数量相对较少，仅为0.29万家。由此可见有机肥的主要使用范围为相对附加值较高的蔬菜等产品。以设施黄瓜的化肥与农家肥的投入费用对比来看，北京市的设施黄瓜的农家肥费用远超化肥的费用，同样经济发展水平较快的天津其农家肥费用同样高于化肥费用，而像河北、山西、内蒙古、山东、河南等省有机肥费用都远低于化肥费用。可见有机肥料的使用情况与经济发展的水平有关，经济水平发展较好的地区，居民生活水平相对较高，对农产品的质量要求高，因此有机肥料的投入就相对较多。

2. 有机肥料使用程度

据资料显示，最近几年有机肥料生产企业数量增加几十倍，产能增加几百倍，但质量差距较大，价格差距十分巨大，300～3 000 元/t 不等。同时，经过化肥产业的不断发展之后，发现有机肥产业发展呈现出进展缓慢的状态，有机肥料非常容易受到环境污染，导致其质量趋于下降，这将使得有机肥料无法发挥出实际价值，在使用和生产方面都受到极大限制。还有相关研究表明，2018 年我国有机肥料需求量 1 342 万 t，产量 1 381 万 t。有机肥料市场规模达 910 亿元。目前，美国等西方国家生物肥料已占到肥料总用量近 50%，而我国的有机肥料占化肥使用量的比重仅为 5%～10%，若比重能达 10%，则其市场容量将达到 1 400 万 t。未来，随着有机肥使用的占比逐步扩大，到 2023 年达到 2 300 万 t。根据相关数据显示，在肥料总投入量中，有机肥的投入比例日益降低，而经过实地研究之后发现，有机肥还是占比 50% 比较合适。在高产田当中，有机肥和化学的比例为 40：60；而低产田的有机肥与化肥比例为 60：40。所以，在现阶段我国农业产业的发展进程中，关于有机肥料的使用比例并未达到理想标准。

（三）北京市有机肥料发展现状

1. 有机肥料生产现状

近年来，随着北京市将肥料生产产业纳入禁限产业目录，全市有机肥生产企业规模一直保持稳定。但是随着全市设施农业、休闲农业、有机农业、绿色食品的兴起和发展，北京各地都在大力打造标准种植园生产基地，无毒、无害、优质、高效的商品有机肥料在全市有了更广阔的开发利用前景。在政策的扶持和市场的需求下，各有机肥生产企业专业化、工厂化、商品化生产初具规模。据调查统计，截至

2023 年底，北京市有机肥企业 38 家，生产规模为 5 万 t 以上的企业 14 家，年总产能约 123.8 万 t，年消纳秸秆、畜禽粪便等农业废弃物约 300 万 t，实际生产约 60 万 t，市场价格约为 600 元/t，消纳农业废弃物约 150 万 t。

全市商品有机肥生产工艺经历了膨化加工有机肥、发酵加工有机肥、治理尾气封闭发酵阶段三个阶段。目前工业化生产主要以垛式堆肥为主，主要是利用生物或物理处理技术。如利用微生物进行分解或晒干、粉碎等方法进行除臭、发酵和克服有机肥料原料臭、脏、使用不方便等缺点、有的企业还根据顾客的需要加入适量的化肥来生产有机无机复混肥。精制有机肥生产工艺流程大致是：原材料粉碎-定量混合-搅拌混合-堆储发酵-翻堆混合-检验-计量-包装-入库。根据原材料来源的不同、微生物菌剂不同及是否添加造粒设备等略有不同。

随着北京市对生态环境发展要求的不断提高，北京市有机肥生产企业不断加强技术方面的投入。根据农业生产的实际需要和市场要求，在生产工艺、堆放场地建设、微生物菌剂、生产设备自动化、污水处理等技术投入方面不断提高，根据农业发展需要不断改进配方，避免导致二次污染土壤和生态环境，从而生产出更多优质、高效的有机肥料产品，不断提高产品安全指数、科技含量、产品质量。

全市生产有机肥原料来源包括：鸡粪、牛粪、猪粪、羊粪等养殖排泄物、作物秸秆、烂菜叶、蘑菇渣等农业废弃物、沼渣、沼液、以及蚯蚓粪等生物处理产物等，对于农业废弃物资源化利用、推动农业结构调整、推动生态环境建设具有重要意义。

2. 有机肥料应用推广情况

全市目前 166 万亩耕地，主要粮食作物有小麦、玉米，蔬菜作物主要为番茄、黄瓜、茄子、辣椒；生菜、大白菜、芹菜；果类的西瓜、草莓、葡萄、大桃等。为了不断夯实北京农业可持续发展的耕地质量基础，自 2006 年北京市开展有机肥培肥地力项目每吨有机肥补贴 250 元以来，北京市逐步完善有机肥补贴政策，2019 年北京市财政局将过去以项目形式补贴推广有机肥调整为政策带动形式，使更多的京郊农户使用上补贴有机肥，补贴价调整为不超过480元/t。

调查显示，有机肥生产厂家销售渠道多样，并可以直接将肥料配送到田间地头，但其中80%以上甚至全部的产量均用于全市耕地质量提升、生态园建设的项目用肥，从而纳入农技推广部门体系更容易实现全程监管。其他肥料销售渠道包括经销店、经销公司、农技推广部门服务网点、网络销售、订单采购等多种渠道，开始显现，但不超过本市肥料生产总量的10%。

调查显示，目前全市粮食、菜田施用商品有机肥约40万t，主要为项目补贴用肥途径施用，施用作物主要为小麦、玉米等粮田和蔬菜、水果等。全市市场销售有机肥约20万t（含外埠肥料），购买者主要以种植园、产业基地、特色农业基地、绿色食品基地等大户为主，主要应用在蔬菜、水果等经济价值较高的作物上。

二、存在问题

（一）有机肥料生产企业规模不大

目前，有机肥料产业还处于起步阶段，相关生产企业虽注册量呈现出较快增长的趋势，但其注册规模较小，注册资金较少。从中国有机肥料的相关企业的注册资金占比情况看，注册资金在100万元以内的占比31%，100万~500万元的相关企业占比28%，注册资金在500万元以上的占比41%，中小企业占比59%。由于有机肥料的相关企业多数以中小企业为主，导致现阶段的有机肥料相关企业生产产品单一，难以形成品牌效应。同时由于企业规模较小，难以促进有机肥料的进一步研发，影响了有机肥料产业的发展。

（二）农产品生产者的意识不强

与普通化肥相比农户施用有机肥料从事作物生产产生的成本相对较高，在同等种植面积的情况下施用有机肥料的成本明显高于施用普通化肥的成本。农户作为经济人往往会采用价格相对较低的普通化肥进行施肥，而不会使用价格较高的有机肥料。同时施用有机肥料需要更换相应的施肥器械，而施肥器械的更换又增加了农户的种植成本，使得有机肥料难以大规模推广。虽然有机肥料能够有效地改良土壤，但由于农户对有机肥料的认知不足，仍然会选择成本较低、播撒方便的传统化肥从事农业生产，给有机肥料的推广带来了较大的阻力。

从近年来设施黄瓜的每亩农家肥与化肥的投入情况来看，2015—2020 年，农家肥的投入情况基本趋于稳定，基本稳定在 380 元/亩左右，而化肥的投入却呈现出逐年增加的态势，从 2015 年的 496.20 元/亩增加到 2018 年的 660.03 元/亩，每亩化肥投入成本增加了 163.83 元。通过对比近年来设施黄瓜每亩农家肥与化肥的成本投入情况可以看出，在化肥与农家肥同样的选择下，农户更愿意选择多投入化肥来增加产量，而不愿投入有机肥料，可见农产品生产者对农家肥的认识仍然不足。

加大宣传力度，提高农户认知。目前部分农户使用有机肥料意愿不强的一个重要原因是认识不到长期使用有机肥料的益处，仍然存在短期行为。相关部门可以通过农技推广、新媒体宣传等方式对有机肥料加以宣传，使农户能够意识到使用有机肥料给农事生产带来的益处，提升农户的认知水平。同时，在部分村落开展有机肥料试验推广行动，让农户看到有机肥料带来的增产效果和土壤肥力的提升。同时加强对有机肥料施用技术的培训和讲解，让农户了解有机肥料的使用方法和正确的施肥量，并通过科学的指导，逐步引导农户增加有机肥料的使用量以减少化肥的投入，增加农户对有机肥料使用的信心，转变农户的原有观念。通过对有机肥料的推广宣传，增加农户对有机肥料的信心，扩大有机肥料的使用范围。

（三）有机肥料的市场价格优势不明显

据全国农技推广中心数据统计，中国有机肥料价格为 650 元/t，化肥价格以尿素为例，为 1 800 元/t，从每吨单价看，普通化肥价格远超有机肥料。而实际的使用情况来看化肥的使用量约为 27kg/亩，而有机肥料使用量为 250kg/亩。通过计算，每亩使用有机肥料的成本约为 162 元/亩，而化肥的成本约为 48.6 元/亩。从亩均使用价格看，使用有机肥料的成本约为使用普通化肥的 4 倍，有机肥料价格偏高。有机肥料的价格高于传统化肥，农户往往难以接受更换肥料带来的成本上升，给有机肥料的产业发展造成了阻碍。

建议加大补贴力度，扩大使用范围。现阶段由于长时间使用普通化肥，造成了土壤板结、土地肥力下降等情况，给中国的农业绿色发展产生了较大的阻碍。而有机肥料中的有机质可以使土壤更加肥沃，缓解土壤问题，以达到增产的效果。但在农事生产中，有机肥料的价格明显高于普通化肥，且购买相应的播撒器械又增加了农户的成本，使得农户不愿意施用有机肥料从事农业生产。政府可以通过对有机肥料企业进行补贴的方式，降低有机肥料的生产成本，从而达到降低有机肥料价格的目的，加快有机肥料的推广速度，提高农户使用有机肥料的积极性，增加有机肥料在不同农事活动中的使用量。同时加大对有机肥料使用农户的补贴力度，通过降低农户的投入成本，增加农户有机肥料的使用意愿，促进有机肥料的产业发展。

（四）有机肥料的产品质量无法保证

现阶段有机肥料仍有产品质量不佳、肥效不稳定的情况。根据中国政府网公布的抽检数据，近年来的有机肥料抽检不合格率仍然较高，大多数地区的有机肥料产品的不合格率在 10% 以上。从行业整体的发展过程看，由于大多数有机肥料相关企业依然存在着生产设备简陋、生产工艺落后、产品质量无法保证等现象。现阶段的主流有机肥料为生物有机肥，而生物有机肥料的生产厂家多为中小企业，生产规模多数较小。这类企业一般不具备生产生物有机肥料的能力，而是通过传统的菌剂复合发酵来生产生物有机肥，同时缺少相关的质检技术人员，无法保障生物有机肥的出场质量，也就不能保证生物有机肥料对作物的增产效果。

同时有机肥料作为一种缓释肥料，与普通化肥相比，在同等的种植面积下需要撒播更多的肥料，且对作物的增产效果不明显。目前，大多数农户所种植的作物为粮食作物，粮食作物良种产粮率现阶段基本稳定，施用有机肥料虽能给土壤带来养分但对于作物增产的作用不是很大，农户大多数在短期内看不见增产效果的情况下，会更换回原有的普通化肥进行农事生产。

（五）有机肥料市场监管有待加强

因有机肥料在中国的市场发展期较短，对有机肥料的监管还不到位，行业规范度较低。目前商品有机肥料的质量参差不齐，且合格率较低，影响了肥料购买者购买有机肥料的信心。在企业规范自己生产行为的同时仍然需要国家相关部门进行监管。一方面要加强对价格的管控，避免虚假宣传恶意提高有机肥料的价格，造成农户的生产成本上升，使农户减少有机肥料的施用；另一方面，要加强对质量的管控，不定时对市场中的有机肥料进行抽检以保障有机肥料中的有机质含量和相关元素含量符合国家标准，避免生产企业因低价竞争而忽视产品质量的现象发生，造成“劣币驱逐良币”，影响农户购买有机肥料，阻碍有机肥料的产业发展。为此要通过完善的市场监管保障产品的质量和价格，增加农户使用有机肥料的信心和意愿，促进有机肥料的产业发展。

（六）对有机肥料使用的支持政策力度不够

随着农业“双减”政策的提出，减少传统化肥的使用量从而增加有机肥料的使用得到越来越多认可，而从政策的支持力来看，对有机肥料使用及推广的力度仍然有所欠缺。通过近几年政府出台的有机肥料相关政策可以看出，对有机肥料的推广方向上，仅有 2017 年提出了开展果菜茶有机肥替代化肥方案行动，而其他的相关文件还仅停留在提倡方案上，并没有明确地提出要使用有机肥料替代传统化肥。在 2017 年发布的《开展果菜茶有机肥替代化肥行动方案》上，也仅提出了果菜茶使用有机化肥替代化肥，而中国使用化肥的主要用户为种粮户，政策的制定未能全部覆盖。

在有机肥料的价格补贴方面，有机肥料的补贴采用物化补贴的方式，国家没有统一的补贴标准。但部分地区为鼓励和引导农户使用有机肥料，相继出台了农民施用有机肥料的补贴政策，补贴金额为 150~480 元/t。虽然有了一定的补贴但是补贴力度仍然较低，成本较使用传统化肥相比仍然较高，给有机肥料的推广使用带来了一定的难度。

（七）有机肥料生产技术有待创新

有机肥料作为一种缓释肥料，其肥力见效慢，造成了短时间对作物的增产效果不明显的现象。农户在从事农户生产时为获得更高的利润，存在短期行为，从而增加传统化肥的使用，而减少有机肥料的使用，使得有机肥料在农户中难以推广。为此，科研院所与相关企业要加大研发力度，在产品能够提升土壤肥力的同时，促进其对作物增产效果的提升，使农户能够看到作物产量增加所带来的收益，从而增加有机肥料的使用量。现阶段有机肥料的播撒程度与传统化肥相比仍然具有一定的不方便性，是造成农户不愿意使用有机肥料的另一重要原因，因此相关农机公司和科技企业要加大对有机肥料播撒科技的研发力度，使有机肥料便于农户播撒，增加农户使用有机肥料的意愿，促进有机肥料的产业发展。

（八）北京市有机肥产业存在的问题

有机肥产品行业标准不严格、不完备。现有的有机肥标准不能完全覆盖并代表所有的有机肥肥料品种，特别是在不同原料来源、不同生产工艺生产有机肥料没有相应的技术要求，只有一个统一的含量标准；并且在使用畜禽粪便为主要原料的有机肥生产中存在重金属及激素、抗生素残留等风险，在有机肥行业标准中没有明确标准，并纳入管理范畴。

有机肥销售渠道相对单一，受政策影响大。由于全市绝大部分有机肥销售通过政策性项目用肥，并且补贴肥免费，而市场有机肥需要付费。实质上造成不能取得补贴资格的有机肥企业无力投入研发，而能够取得有机肥补贴资格企业为了降低成本获得价格优势，追求利益，大量从周边省份运进劣质肥料，增加北京地区粪污处理压力。甚至出现有机肥企业不是靠质量，而凭关系推销肥料，肥料质量越来越差，影响农民积极性，造成有些种植企业不愿用补贴肥。一些不法厂商为了谋求产品效果，将无机肥料添加到有机肥中，使有机肥中无机养分远超于有机肥自身养分，影响了整个有机肥市场的秩序。

局部商品有机肥使用过量。商品有机肥含有丰富的有机质，可以全面提供作物氮磷钾及多种中微量元素，农作物施用商品有机肥后，能明显提高农产品的品质和产量。但是作物需要的有效养分含量（如氮磷钾等）含量远低于化肥，而且有机肥在土壤中分解和被植物吸收较慢，难以满足农作物高产、高效的需要。在实际生产过程中，推荐有机肥、无机肥结合施用，推荐用量在 0.5~2t/亩，但是在补贴有机肥推广过程中出现了有机肥集中使用到有关系的种植企业当中，肥料用量越来越大，甚至每亩用量超过 4t 的现象。

原料差别大，存在安全风险。有机肥来源涉及畜禽粪便、农作物秸秆及其他农业生产有机废弃物等，其中特别是禽畜粪便可能含有大量重金属和残留抗生素，用于堆肥辅料的秸秆也有可能存在农药残留，导致有机肥产品难以达到无害化的要求，如果不经有效处理，使用时可能造成不良生态后果。

产品同质化、营销同质化，销售旺季短。大部分有机肥肥料企业生产工艺、原料等基本相同，产品没有明显差异和特点，主要销售靠补贴推广，基本不进入市场直接销售。造成企业整体创新意识不强，研发投入较少，整个行业的及时创新水平建设步伐缓慢。同时由于农业生产的季节性有机肥生产销售集中在春耕和三秋季节，其他季节相对减少，甚至销售量显著减少。但是畜禽粪便等原料还在源源不断产生，对于加工企业而言，容易造成堆放积压，造成二次污染，对于消纳有机肥更多需要周年生产种植基地。

针对以上存在的问题，提出相应解决途径：第一，以法律法规为先导，尽快完善有机肥的行业标准，加快有机肥开发利用的产业化进程。第二，进一步优化有机肥产业化政策扶持为手段，充分发挥市场在有机肥产业发展过程中的作用。要充分认知到少量企业即使不参加项目，完全利用市场行为用优质的质量赢得了用户，是否可以在消纳废弃物等方面给予政策扶持。第三，加强院企合作，提高科研成果转化率；同时加大科研投入，不断创新和改进产品，开发出高质量、差异化的产品，对有机肥源材料进行无害化、科学化处理，保障有机肥安全高效。第四，加大宣传引导力度，提高农民使用有机肥料的意识。第五，加强有机肥生产企业的监督管理，从源头上把关，提高有机肥质量。

三、前景展望

（一）有机肥料的社会效益及前景展望

我国农作物播种面积高达 20 多亿亩，年需化肥约 1.4 亿 t，而年产化肥不足 1 亿 t，由此产生了供不应求的状态，长期使用化肥极易造成肥效下降的情况。1985—1995 年间，农作物产量增长了 10%，化肥施用并未发生效果，所以有机肥料的投入和使用将有非常重要的意义，所产生的社会效益也是十分明显。通过施加有机肥，为土壤带来更多生物活性物质，对改善土壤化学、物理和生物学性状带来实质性帮助作用，又能为作物提供全面、持续的养分供应。

我国生产的有机肥料种类繁多，最主要的有机肥便是作物秸秆和畜禽粪尿，也有污泥草木灰、生活垃圾等，在各种各样的有机肥料当中，除了畜禽粪尿和秸秆可以用于工业原料和燃料以外，大部分都可用作有机肥料。在这类有机肥料当中蕴含着极为丰富的养分，能够有效解决我国磷钾肥不足的情况。在我国有机肥料的发展过程中，绿肥这类生活垃圾也将成为肥料发展利用的重点，在今后理应得到推广和大范围的使用。

虽然在我国有机肥料的储存量非常大，但是考虑到有机肥料的生产并未标准化和规模化，因此应当对有机肥料的使用问题加强关注，既要发挥出其使用价值、认识到其使用作用，又应当持续探究如何对有机肥料展开无害化处理，进一步促进有机肥料实现产业化和商品化，从而增加有机肥料的使用量。对此问题，相关领域工作人员也需要进行持续探究。尤其是农户方面，一定要认识到有机肥料的使用价值，对土壤将会带来的改善作用，这样才能确保有机肥料真正得到使用，并且完全发挥出其价值，促进我国农业产业发展。

（二）有机肥料的生态效益及前景展望

绿色发展已成为新时代中国农业发展的最强音，是缓解资源环境压力的需要，是提升农业竞争力的需要，是顺应人民美好生活愿景的需要。有机肥替代化肥是深入推进农业绿色发展手段之一。各级政府应利用政策体制创新推广有机肥施用，注重政策的针对性、系统性和持续性，以提高人们的利用意识。在对象上，以新型经营为主体，发展多种形式的适度规模经营，建成可推广可学习的替代示范区；环节上以技术补助为主，鼓励有机肥资源的开发与利用，对农户施用和企业经营进行合理补助；方式上以社会化服务为主，扶持社会化服务组织或依托商品有机肥企业或农业部门专家进行推广服务。

农业绿色发展是适应消费结构升级的方向。当前，我国正在由中等收入国家向高收入国家迈进，显著的特点就是消费结构升级，人们已经从“吃得饱”，转向了“吃得好”和“吃得健康”，这对绿色有机农产品的需求有很大的刺激。有数据显示，2012 年我国有机农产品销售额约为 150 亿元，2015 年已达到约 360 亿元，2023 年我国有机农业销售额首次突破 1 000 亿元，巨大的市场需求会有效刺激有机肥的需求，促进我国有机肥产业的发展。

（三）有机肥料的经济效益及前景展望

自行堆肥与商品化都是有机肥料资源利用的有效途径。应结合实际情况和市场经济规律，明确不同地区有机肥资源利用方向。

种植户自行堆肥的肥料技术指标不一定满足商品有机肥的高标准、高含量等要求，以追求农业废弃物资源的就地消纳为目标，实现循环利用，变废为宝，培肥地力，减少农业面源污染的最终目的。在有条件的南方冬闲田和果菜茶园地方补贴种植绿肥，施用根瘤菌剂，促进豆科植物固氮肥田。

商品有机肥则以市场效益为发展方向，企业根据市场需求而进行产业化生产。为加强商品有机肥市场竞争力，一方面是企业要制定合理、科学的技术标准；监管部门加强市场监督，定期开展市场抽查检测检验工作，保证农民的切身利益。另一方面根据区域产业优势，参考国内外典型有机肥生产案例，规划最优建厂与运营模式；做到有机肥加工工艺优质化、流程无害化和运行模式经济化；开展针对区域特色有机肥资源研究与特色有机肥对土壤和作物质量影响的长期定位试验，做到“对症下药”。

（四）有机肥料的技术创新及前景展望

创新驱动技术模式，保障有机肥资源利用效率。施肥包括3大部分，肥料配置、施肥技术和施肥机械。一是确保精准施肥。经过政府十余年的大力扶持，测土配方施肥模式已经趋于全国范围覆盖，通过与肥料企业的深度合作，肥料配置已经趋于完善。二是强化精准服务。各级农业部门应组建施肥专家团队，在关键农时季节，深入一线开展技术培训和指导服务，帮助解决生产中的实际问题，扶持培养新型经营主体，带动农业绿色发展；建立适合不同土壤、不同作物的有机肥料施用技术规范，建立适合我国不同区域特点的农业有机废弃物资源高效安全利用的技术模式。三是促进农机农艺相结合。我国存在自然环境复杂多样、种植模式差异等因素，有机肥施肥机械无法做到适应多种模式，因此目前在研制有机肥施肥机械时应更加注重农机与农艺相结合，是有效提高施肥机械效率的解决措施之一。

建立安全施用规范，降低有机肥资源利用风险。当畜禽粪便未经处理或无害化不完全，以此为原料生产的有机肥、有机-无机复混肥所含的重金属、病原微生物和抗生素将会形成新型农业面源污染，可能对水土环境、人类健康造成威胁。因此，急需开展有机肥料施用安全风险评估，完善有机肥料产品标准，严格有机肥料产品质量管理；健全我国有机肥料的质量保障体系，鼓励有机肥料生产企业质量管理体系认证，规范生产过程与工艺；加强有机肥料生产的无害化技术研究与推广。

（五）北京市有机肥料产业发展前景展望

随着北京市深入推进乡村振兴战略，在供给侧结构性改革及农业发展处于新形势下，全市农业功能定位更加清晰，大力推广生态农业、循环农业，确保农业生产产出高效、产品安全、资源节约、环境友好。优化施肥结构，减少化肥用量，提升绿色农药施用比例。实现农作物秸秆基本循环利用，规模化养殖场粪污治理综合利用率达到95%。对于能大量消纳农业废弃物并提供无毒、无害、优质高效的商品有机肥料产业发展在北京有着广阔的开发利用前景。

北京市有机肥产业发展面临着重大发展机遇主要体现在：一是耕地质量提升“化肥零增长”“果菜茶有机肥替代化肥”“高标准农田建设”等相关行业政策带来的机遇。商品有机肥的施用作为耕地质量提升和化肥替代的重要手段，必然受到国家的大力扶持。二是北京市乡村振兴战略的实施及国家供给侧结构性改革带来的机遇。三是随着生活水平的提高，人们对绿色及有机农产品的认可程度带来的机遇。有专家指出，随着我国经济社会发展以及资源紧张等客观因素，这个比例有望逐步变大，并希望在不久的将来能够变成 5：5。以北京市 166 万亩耕地，每亩施用 0. 5t 商品有机肥计算，年可以施用 83 万 t，全市形成一个 4. 9 亿元的有机肥市场。

第三章　水溶肥料

第一节　基本知识

一、相关概念

（一）概念

广义上水溶肥料指的是完全、迅速溶于水的大量单质化学肥料、复合肥料、农业农村部行业规定的水溶性肥料和有机水溶肥料等。其中农业农村部规定的水溶性肥料包括：大量元素水溶性肥料、微量元素水溶性肥料、中量元素水溶性肥料、含氨基酸水溶性肥料、含腐殖酸水溶性肥料。狭义上的水溶性肥料指的是完全、迅速溶于水的多元复合肥料或功能性有机复混肥料，特别是农业农村部行业规定的水溶性肥料。该类肥料是专门针对灌溉施肥和叶面施肥的高端产品，满足针对性强的区域和作物的养分需求，施用时需要较强的农化服务技术指导。

因此，根据水溶性肥料农业标准，水溶性肥料是一种完全、迅速溶于水的单质化学肥料、多元复合肥料、功能性有机水溶肥；是经过水溶解或者稀释，用于叶面喷施、无土栽培、浸种蘸根、滴喷灌等用途的液体或固体肥料。其主要特点是溶解度高、溶解速度快等，还具有肥效快，养分溶解后直接形成离子态，快速转化为根系可吸收状态，可解决作物生长后期连续、大量的营养需求；可用水肥联合供应，提高肥料利用率；养分均衡，营养全面，易被作物吸收等优点，更为关键的是它可以应用于喷滴灌等设施农业，实现水肥一体化，达到省水省肥省工等特点。

（二）作用

水溶性肥料的施用方法十分简便，它可以随水进行灌溉施肥，既节约了水，又节约了肥料，而且还节约了劳动力，随着劳动力成本日益高涨，使用水溶性肥料的效益日渐突出。因为水溶性肥料的施用方法是随水灌溉，所以施肥均匀，这也为提高产量和增强品质奠定了基础。另外，水溶性肥料一般杂质较少，电导率低，使用浓度方便调节，即使施用于幼苗也是安全的，不用担心引起烧苗等不良后果。水溶肥料具体作用有以下几方面。

1. 提高肥料利用率

由于水溶肥料以溶液形式直接供给植物，植株可以更充分吸收利用养分，与传统肥料相比，水溶肥料的养分利用率更高，并且还可以减少养分用量和养分流失，降低环境污染等。此外，各类功能型水溶肥料也具有提供丰富养分、提高肥料利用率的特点：如含腐殖酸水溶肥料含有羧基、酚羟基等活性基团，有较强的交换与吸附能力，能减少铵态氮的损失，提高氮肥利用率；可与磷肥形成络合物，防止土壤对磷的固定；还可以吸收和储存钾肥中的钾离子，减少其流失，促进难溶性钾的释放，提高钾的有效性；与金属离子发生螯合作用，减少土壤对微量元素的固定，从而提高微量元素肥料的肥效。

2. 促进作物生长

水溶肥料中含由植物所需的多种营养元素，如氮、磷、钾、钙、镁、硫、铁、锰、铜、锌等，这些养分可以直接供给植物，促进其生长发育，像氮元素可以促进植物叶绿素的合成，增加叶面积，提高光和效率；磷元素能够参与能量代谢和物质运输，为植物生长提供能量支撑。含腐殖酸、氨基酸等多种活性基团的水溶性肥料，可增强作物体内多种酶的活性，刺激作物的生理代谢，促使种子萌芽，提高出苗率；刺激幼苗发根，促进作物根系生长，及茎叶的生长。

3. 提高作物产量

水溶肥料中的养分浓度高，供应充足，可以满足植物生长发育的需要，从而提高作物产量，与传统肥料相比，水溶肥料可以使作物增产10%以上。有研究表明，施用含海藻提取物的功能型水溶性肥料，能使多种作物不同程度地增产；大棚试验中施用海藻提取物的番茄比对照组的株高、茎粗、平均坐果率和产量均显著增加。施用含氨基酸、腐殖酸的水溶性肥料增产增收效果也比较明显。

4. 改善作物品质

施用水溶性肥料不仅可以促进植物生长、增加产量，还能改善作物品质，像高钾型水溶肥适合在作物坐果后使用，能够减少落果、减少畸形果、使果实个头大而均匀、膨大快、着色快、表皮光滑油亮有光泽，甜度增加，在提高产量的同时又能提高品质。施用功能型水溶肥料，腐殖酸与微量元素形成螯合物或络合物，加强酶对糖分、淀粉、蛋白质及各种维生素的合成和运转，从而改善农产品品质。

5. 增强作物抗逆性

水溶性肥料对作物抗逆性主要表现在功能型水溶肥料方面，如施用含腐殖酸的肥料可减少叶面水分蒸发，节水保墒效果显著；促进矿物质养分吸收，增强作物抗寒性、抗病性；施用含氨基酸水溶肥可增强作物抗逆性，促进作物的生长，且有保花、保果等功能，增产增收效果明显，还可以诱导作物修复受损组织，抗低温冻害，对旱涝干热风等具有明显的抵抗作用。

6. 改善土壤理化性质

水溶性肥料中的酸碱性物质可以改善土壤的pH，使其适应不同作物的生长需求：酸性水溶性肥料可以调节碱性土壤，提高土壤酸度；碱性水溶性肥料可以调节酸性土壤，提高土壤碱度，从而达到改善土壤肥力目的。另外，施用含功能型水溶肥料后，含有的氨基酸、腐殖酸、海藻酸等物质可以改善土壤结构，调节土壤水、肥、气、热状况，提高土壤交换容量，调节土壤酸碱性和缓冲性，促进土壤团粒结构的形成，腐殖酸还具有胶体性能，还可以改善土壤微生物，促进有益菌的生长繁殖。

二、主要分类

水溶性肥料是目前我国推广应用最广的新型肥料之一，多用于随水灌溉或叶面喷施。按照形态不同，水溶肥料可以分为固态肥料、液态肥料；按照功能不同，水溶肥料可以分为营养型水溶肥料、功能型水溶肥料和其他类型的水溶性肥料；按照施肥方式不同，水溶肥料可以分为冲施肥、滴灌肥、喷灌肥、根外追肥（叶面施肥）等。

下面根据功能不同，详细介绍水溶肥料的性质和特点。

（一）营养型水溶肥料

营养型水溶肥料主要补充作物生长所需要的营养物质，包括大量元素水溶肥料、中量元素水溶肥料、微量元素水溶肥料。

1. 大量元素水溶肥料

大量元素水溶肥料是指以大量元素氮、磷、钾为主，按照适合作物生长所需比例，添加以微量元素铜、铁、锰、锌、硼、钼或中量元素钙、镁制成的液体或固体水溶性肥料，产品标准参照 NY 1107—2010《大量元素水溶肥料》执行，分为固体和液体两种剂型。

2. 中量元素水溶肥料

中量元素水溶肥料是指以中量元素钙、镁为主，按照适合作物生长所需比例，或添加以铜、铁、锰、锌、硼、钼等微量元素制成的液体或固体水溶性肥料，产品标准参照 NY 2266—2010《中量元素水溶肥料》执行。

3. 微量元素水溶肥料

微量元素水溶肥料是指由微量元素铜、铁、锰、锌、硼、钼按照所需比例制成的或由单一微量元素制成的液体或固体水溶性肥料，产品标准参照 NY 1428—2010《微量元素水溶肥料》执行。

（二）功能型水溶肥料

功能型水溶肥料则会添加植物源、动物源、矿物质源等功能活性物质，能够改善土壤、刺激作物生长、改善作物品质，主要包括含氨基酸水溶肥料、含腐殖酸水溶肥料和有机水溶肥料等。

1. 含氨基酸水溶肥料

含氨基酸水溶肥料是指以游离氨基酸为主体，经过物理、化学和（或）生物等工艺过程，按照适合作物生长所需比例，添加适量的中量元素钙、镁或微量元素铜、铁、锰、锌、硼、钼而制成的液体或固体水溶性肥料。氨基酸水溶肥能被植物快速吸收，具有增产、改善果实品质、抗逆、改良土壤、提高药物利用率等特点，对解决农业生产中大量施用化肥和农药造成的土壤质量下降、环境污染和农药残留等问题起到了积极的作用。含氨基酸水溶肥料分为微量元素型和中量元素型2种类型，分别有液体或固体2种剂型，产品标准参照NY 1429—2010《含氨基酸水溶肥料》执行。

2. 含腐殖酸水溶肥料

含腐殖酸水溶肥料是指以适合作物生长所需比例的矿物源腐殖酸，经过物理、化学和（或）生物等工艺过程，按植物生长所需添加适量的大量元素氮、磷、钾或微量元素铜、铁、锰、锌、硼、钼而制成的液体或固体水溶性肥料。含腐殖酸水溶肥主要有刺激作物生长、改良土壤理化性状、培肥地力、为作物提供营养元素、提高肥料利用率、加强作物体内多种酶的活动、增强作物抗逆能力、促进微生物的繁殖与活动、促进速效性养分的释放等特点。含腐殖酸水溶肥料分为微量元素型和大量元素型2种类型，大量元素型肥料分别有液体或固体2种剂型，微量元素型肥料仅为固体1种类型，产品标准参照NY 1106—2010《含腐殖酸水溶肥料》执行。

3. 有机水溶肥料

有机水溶肥料是指采用有机废弃物原料经过处理后提取有机水溶原料，经过物理、化学和（或）生物等工艺过程，按植物生长所需再与大量元素氮、磷、钾及钙、镁、锌、硼等中、微量元素复配，研制生产的全水溶、高浓缩、多功能、全营养的增效型水溶肥料产品。其活性有机物质一般包括腐殖酸、黄腐酸、氨基酸、海藻酸、甲壳素等多种活性元素，具有改善土质、抗旱、抗寒、促生长、抗虫害、增产、提高农产品品质等多重功效。目前，国家还没有统一的登记标准，企业可以根据水溶肥料的国家和地方标准进行研发、生产和登记水溶性肥料产品，执行标准可以由企业拟定。

（三）其他类型水溶肥料

其他类型水溶肥包括糖醇螯合水溶肥料、肥药型水溶肥料、木醋液水溶肥料、稀土型水溶肥料和有益元素水溶肥料等。

1. 糖醇螯合水溶肥料

糖醇螯合水溶肥料是指以作物对矿物质养分的需求特点和规律为依据，用糖醇复合体生产出含有镁、硼、猛、铁、锌、铜等中、微量元素的液体肥料。糖醇是多羟基化合物，是光合作用的初产物，是从植株韧皮部天然提取的物质，属于功能性糖醇，糖醇复合体主要是甘露糖醇、山梨糖醇、木糖醇和丙三醇按特定比例与作物所需营养元素形成的混合体。除了这些矿质养分对作物的产量和品质的营养功能外，糖醇物质对于作物的生长也有很好的促进作用：补充的微量元素促进作物生长，提高果实等产品的感官品质和含糖量等；研究表明，糖醇是参与细胞内渗透调节的重要物质。植物在盐害、干旱、洪涝等逆境胁迫下，糖醇可通过调节细胞渗透性使植物适应逆境生长，提高抗逆性；细胞内糖醇的产生，可以提高对活性氧的抗性，避免由于紫外线、干旱、病害、缺氧等原因造成的活性氧损伤。由于糖醇螯合水溶肥具有养分高吸收和运输的优势，即使在使用浓度较低的情况下，也能满足作物需求，增产效果明显。

2. 肥药型水溶肥料

在水溶性肥料中，除了营养元素外，还会加入一定数量不同种类的农药和除草剂等，不仅可以促进作物生长发育，还具有防治病虫害和除草功能，即肥药型水溶肥料。它是将农药和肥料按一定的比例配方相混合，是并通过一定的工艺技术将肥料和农药稳定于特定的复合体系中而形成的新型生态复合肥料，一般以肥料作农药的载体。通常分为除草专用肥、除虫专用肥、杀菌专用肥等，具有平衡施肥、营养齐全；广谱高效、一次搞定；前控后促，增强抗逆性；肥药结合、互作增效；操作简便、使用安全；省工节本，增产增收；以肥代料，安全环保；储运方便，低碳节能；多方受益，利国利民等九大优点。当农药和肥料均处于最佳施用期时，能提高药效和肥效，实际施用中要根据作物生长发育特点，综合考虑不同作物的耐药性及病虫害的发生规律、习性、气候条件等因素，尽量避免药害。

3. 木醋液水溶肥料

木醋液也叫植物酸，是在木材干馏过程中得到的一种赤褐色混合物，含有酸、醇、酚、酮等多种有机物，其中大多是微量成分，具有促进植物生长、抑菌、除草、防腐等多种作用，是一种绿色高效的新型肥。木醋液水溶肥料，是以木炭或竹炭生产过程中产生的木醋液或竹醋液为原料，添加营养元素而成的水溶肥料。一般通过树木或竹材烧炭过程中，收集高温分解产生的气体，常温冷却后得到的液体物质即为原液，它就是植物的“精油”，含众多微量活性因子，在实际应用中表现出不可思议的效能，是一种人工无法合成和其他产品无法替代的功能型肥料，具有促进农作物生长产量提高等作用，施用可改良土壤，促进作物根系发达，促进作物多生根，增强作物抗病抗逆能力，能加快作物新陈代谢的作用。

4. 稀土型水溶肥料

稀土型水溶肥是指化学元素周期表中镧系的 15 个元素和化学性质相似的钪与钇。农用稀土元素常指镧、铈、钕、镨等放射性较弱，造成污染较小的轻稀土元素。由于它的生理作用和有效施用条件还不清楚，一般认为是在作物不缺大、中、微量元素条件下才能发挥作用。

5. 有益元素水溶肥料

有益元素水溶肥指的是部分含有硒、钴等元素的叶面肥料得以开发和应用，而且施用效果较好，它不是所有作物所必需的营养元素，只能是某些作物所必需，且原料有毒性或成本较高，此类肥料应用较少。

三、产品特点

（一）产品特点

1. 限定水不容物的含量

水不容物是水溶性肥料的核心指标之一，水不容物的含量要求一般是小于 1%或 10g/L，几乎可以说是完全的水溶性，纯度良好。水溶肥料的生产原料要求超纯、无杂质、电导低，因此可以安全施用于各种作物，同时，适合一切施肥系统，可用于底施、冲施、滴灌、喷灌、叶面喷施，长期施用不会造成土壤酸化、板结。

2. 养分全面，复合化程度高

我国作物种类丰富，不同作物对营养元素的需求和吸收规律不同，土壤种类多，土壤养分和理化性状多样，水溶肥料能均衡植物所需的多种元素配比，可以根据不同的需求制定不同的配方养分，配方灵活，还可以添加不同的生物刺激激素类物质，养分全面，完全能满足农业生产者对高质量、高稳定度产品的需求。水溶性肥的复合化主要是表现在大量元素与中量元素复合，大量元素或中、微量元素与腐殖酸、氨基酸等功能性物质复合，有的还添加海藻酸、糖醇、甲壳素等生物活性物质，还有的与农药结合形成药肥，水溶肥是一种高度复合的肥料产品。

3. 水溶性强、易吸收利用

与传统的肥料品种相比，水溶性肥料随水灌溉施用，是可以完全溶于水的多元复合肥料。一方面能迅速溶解于水中，水溶性强，另一方面容易被作物吸收，因为根系是养分吸收的主要部位，肥料养分在土壤中的迁移方式均需要水的参与，水溶性肥料是随水通过滴管、喷灌、淋湿施等方式施用的，养分更容易到达根区，大大提高了养分吸收效率，营养成分利用率极高，一般肥料利用率在70%~80%。

4. 产品种类丰富

市场上水溶性肥料产品多种多样，既有含作物生长全部营养元素的产品，也有加入腐殖酸、氨基酸、海藻酸等活性有机物质的产品，还能够根据作物生长规律、养分需求规律、土壤供肥水平来合理配置养分比例。此外，水溶性肥料还具有良好的兼容性，可与多数农药混合使用，减少操作成本。

5. 产品安全性高

水溶性肥料不含任何激素，对作物无毒副作用，是一类环保型肥料。

（二）施用特点

1. 与水肥一体化技术相结合

水溶性肥料采用水、肥同施技术，以水带肥，实现水肥一体化，可以应用于喷滴灌等设施农业。水肥一体化技术能完美融合灌溉与施肥，按照土壤的养分条件以及作物的需肥情况，将由可溶性肥料配兑成的液肥与灌溉水一起施用，实现精准施肥，施用便捷，达到省水、省肥、省工的效能。

2. 节水节肥、安全高效

水溶肥随水灌溉，使用方便，用量少，节水节肥，还节约了劳动力，成本低；由于水溶性肥料的施用方法是随水灌溉，所以使得施肥均匀，这是提高产量和品质的基础。水溶性肥料一般杂质较少，电导率低，使用浓度十分方便调节，所以它即使对幼嫩的幼苗也是安全的，不用担心引起烧苗等不良后果。

3. 速效肥料见效快

水溶肥料是一个速效肥料，速效可控、方便配方施肥，可以让种植者较快地看到肥料的效果和表现，并可以根据作物不同长势、生长期、营养需求特点对肥料配方作出调整或设计配方。

4. 施用方式多样化

水溶肥的施用多样，它可以随着灌溉水包括喷灌、滴灌等方式进行灌溉时施肥，又可以沟灌等方式冲施灌溉施肥，还可以采用叶面喷施、无土栽培、浸种蘸根等方式。

5. 操作简单、使用便捷

在没有机械撒施的情况下，施用颗粒肥是依靠人力将一包包肥料运到田间地头，这样不仅效率低，且浪费人力、增加成本，而灌溉施肥，施肥方便简单，轻松又省工，部分肥料还可以采用自动化施肥。

6. 与农药等混合施用

水溶性肥料可以与农药、除草剂和杀虫剂等一同混合施用，肥药在水中能够得到充分混合，保证液体中的养分与农药都能达到高度一致性，可以节省成本、还能缓解对作物的伤害，促进作物生长。

第二节　生产工艺

一、设备材料

水溶性肥料的生产流程相比较于传统的有机肥、复混肥等更加简单，所以初期生产设备的采购成本并不高，并且水溶肥生产速度快，产量完全取决于原料数量和生产设备效率，能够很快进入生产、销售、采购的运转正轨。

（一）水溶肥料生产的原材料

虽然不同厂家生产的水溶性肥料名称或种类各不相同，但是水溶性肥料的生产原理基本一致，不同品牌水溶肥施肥效果差异主要体现在配方的组成、原料的选择、生产工艺等几个方面。

1. 原材料选择与配方原则

水溶性肥料原料选择的主要原则有原料的溶解速率和水不容物含量两个方面。水溶性复混肥料对原料的溶解速率要求比较高，常常优先选择一些在常温下容易溶解的原料，像硫酸铵、氯化铵等铵态氮肥，硝酸铵等硝态氮费，氯化钾、硫酸钾等钾肥产品等。

具体分为单一元素类水溶性肥料原料和复合型多元成分水溶性肥料产品的原材料。

① 单一元素类水溶肥料原料的选择由早期的简单无机盐，逐渐变为新化合物的合成、使用螯合物质以及合理应用植物活性物质等。这类原料生产的肥料有效成分高、副成分低，其溶解性能以及适用性显著增加，可以有效提高养分吸收率。

② 复合型多元成分水溶性肥料原料选择是生产复合水溶性肥料的重要环节。复合水溶肥料配方的选定首先要遵循我国已制定的有关不同类型的水溶性肥料的国家标准，因此，任何企业生产出的水溶性肥料中营养成分都必须符合国家标准的规定，这是确定水溶性肥料配方及原料选择的原则之一。

我国地域辽阔，气候条件差别大，土壤类型多样，不同土壤养分情况不同，所以水溶性肥料中的各种元素含量和配比要根据一定的地区、作物、土壤条件的变化而改变，因地制宜选择适宜的水溶肥复合肥配方，因此，水溶肥料中营养元素的含量与配比对使用地区和作物对象要有针对性，这是确定水溶性肥料配方及原料选择的另外一个原则。

2. 原材料类型

水溶性肥料生产过程中对于原料的使用，根据不同元素分为不同的类型。

（1）氮元素原料

常用的氮素原料有：尿素、磷酸尿素、尿素硝铵等酰胺态氮肥产品，硫酸铵、氯化铵、碳酸氢铵等铵态氮肥类产品，硝酸铵、硝酸钾等硝态氮肥产品。尿素是灌溉系统中使用最多的氮肥，其溶解性好、养分含量高、无残渣，含氮 45%～46%，与其他肥料相比，相容性好，购买容易，广泛存在于自然界中。磷酸尿素外观呈无色透明棱柱状结晶，易溶于水，水溶液呈酸性，非常适合在碱性土壤上施用。硫酸铵和氯化铵也都是常见的氮肥，溶解性好，无残渣，可以用于配制低端液体肥产品。尿素铵溶液，是由尿素、硝酸铵和水配制而成的，含有三种氮源，可以发挥各种氮源的优势，例如硝态氮可以提供即时氮源，供作物快速吸收；铵态氮一部分被即时吸收，一部分被土壤胶体吸附，从而延长肥效；尿素水解需要时间，尤其在低温下起到长效氮肥的作用；通常为了减少氮素损失，会在尿素硝铵溶液中加入消化抑制剂和脲酶抑制剂。硝酸铵溶液的溶解性好，铵态氮和硝态氮平衡，是灌溉用的优质氮肥，与其他肥料的相容性好。

（2）磷元素原料

有的肥料既是氮素原料也是磷素原料，如：磷酸尿素、聚磷酸铵、工业级磷酸一铵和磷酸二铵等，还有磷酸和磷酸二氢钾也是液体肥料生产中的重要磷源。磷酸具有一定的腐蚀性，酸性强，磷含量变幅大，在生产中一般不大量使用。磷酸二氢钾溶解性好，养分含量高，既是很好的磷原料也是重要的钾原料，但价格较贵，一般也不使用磷酸二氢钾作为磷原料。工业级磷酸一铵、磷酸二铵是生产中常用的磷原料，农用磷酸一铵、磷酸二铵因含有大量杂质不能用于液体肥料生产。目前用于固体和液体水溶肥料生产中应用最广泛的磷源是工业级磷酸一铵，其能溶于水，易被作物吸收利用。聚磷酸铵无毒无味，溶解性好，既有磷元素又有氮元素，其水解特性影响产品的稳定性，最好现配现用，不做长时间保存，聚磷酸铵在酸性土壤上与磷酸一铵肥效相当，在石灰性土壤上肥效好于磷酸一铵。由于水溶性磷酸盐在土壤中很不稳定，易受各种因素的影响而转化为弱酸溶性的磷酸盐或难溶性的磷酸盐，从而降低肥效，因此磷酸非常适合用于微灌施肥中。

(3) 钾元素原料

钾肥产品主要由氯化钾、硫酸钾、硝酸钾、碳酸钾等。但加拿大生产氯化钾时，将钾矿石粉碎加工包装，产品中含有氧化铁等不溶杂质，不适合用于生产水溶性复合肥料。以含钾盐湖卤水和制盐卤水生产的氯化钾，颗粒细腻，含杂质少，溶解性好，适合用于灌溉施肥，同时也是生产液体水溶性复合肥料的重要钾原料。氯化钾中含有较高含量的氯，采用氯化钾作为钾源生产水溶性复混肥料时，应尽量避免在盐碱土和对氯敏感作物上大量施用。含氯水溶性复混肥料是兑水施用，浓度安全，少量多次施用，不易产生盐害。硫酸钾也能够全溶于水，但溶解速率和溶解度要远低于氯化钾，使用时要不断搅拌，大规模生产效率低，不建议使用。特别在配制液体肥料时，基本不选用硫酸钾。硝酸钾是用于水溶性复混肥料生产的优质原料，溶解快无杂质，性质稳定，既是氮源也是钾源，但价格相对较高。

(4) 中量元素原料

中量元素原料中，绝大部分溶解性好，杂质少。钙肥常用的有硝酸钙、硝酸铵钙、氯化钙等。镁肥常用的有硫酸镁，溶解性好，价格便宜，既补充钾又补充镁。硼酸和硼砂生产中添加量较少。硫肥主要有主要有硫酸钾、硫酸锰、硫酸铜、硫酸锌、硫酸镁、微菌肥、农家有机肥、无机矿物等原料。

(5) 微量元素原料

微灌施肥中中量元素常用铁、锰、铜、锌的无机盐或螯合物，无机盐一般为硫酸盐，螯合物金属离子与稳定的有机分子相结合，可以避免产生沉淀。主要有柠檬酸微量元素、氨基酸微量元素、腐殖酸微量元素、硼酸、钼酸铵、EDTA/DTPA/EDDHA 的微量元素等，以 EDTA（乙二胺四乙酸）等螯合形态添加，效果较好。

(6) 生物刺激素

生物刺激激素类物质在水溶性复混肥中添加非常普遍。大部分生物刺激激素类物质在液体肥料中添加，在固体肥料中添加较少。一般生物刺激激素分为：腐殖酸类物质、蛋白质水解产品、海藻酸提取物、甲壳素和壳聚糖衍生物、微生物及其代谢物、植物提取物等，具有刺激植物生长或提高抗性、提高品质等作用。通常情况，这类肥料中有机质含量一般都比较高，相应的氮磷钾含量较少，且易溶解于水、易被作物吸收利用，产品多样。目前，市场上大部分的液体肥料都不是纯养分的，添加了各种生物刺激素、构成了丰富的液体肥料产品，因此在生产上与一些大量元素和中微量元素水溶肥配合施用效果更好。

（二）水溶肥设施设备

水溶肥的生产设备分为投料口、配料仓、粉碎机、混合机、储料仓、包装机等几部分。设备之间通过传送带、无尘布连接，由中控系统控制变量，部分设备需要人工辅助，有的设备还有中控系统，中控系统界面简单，操作便捷。水溶肥设备的适用范围很广，不是一套生产线只能生产一种水溶肥产品，可以根据不同的配方，简单调整配料仓、混合机等部分设备就可以生产多种的水溶肥产品，比如大量元素水溶肥、中量元素水溶肥、微量元素水溶肥、叶面肥、冲施肥、滴灌肥等，都可以通过一套设备来进行生产。对于转型中的企业一般无需采用过高的投资进行大规模生产装置的盖建，通常采用小型设备组建即可。

图 3-1 为常见的大中量元素水溶肥生产工艺流程，不同的大中量元素原料（如尿素，水溶性磷酸盐等通常会在运输或储存过程中

吸潮结块)，经破碎机处理后，通过振动筛进行筛分处理，所得到的物料按照生产指令给定的配方要求，经计量秤精确计量后，加入混合机中，同时加入经过计量好的微量元素原料，待按照配方要求将所有原料加入混合机中后，开启设备进行充分搅拌，随后将物料放入包装机中，在取样分析合格后，按照指定规格进行包装。

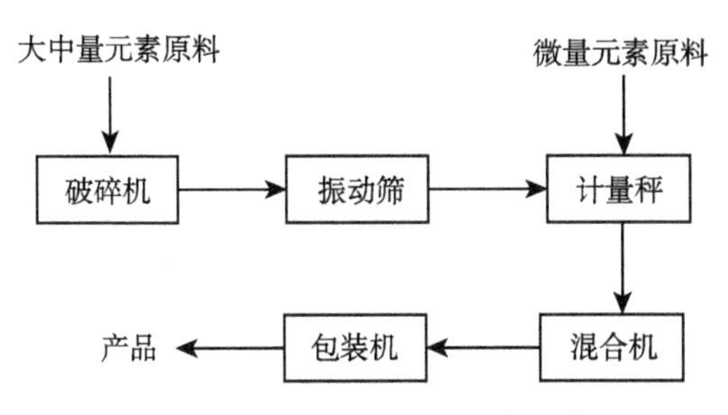

图 3-1　大中量元素水溶肥生产工艺流程

根据实际生产经验，生产过程中须注意的事项如下。

① 物料应尽可能地进行筛分处理，使所有物料的颗粒均匀度统一，提高最终产品外观质量。

② 混合机使用时，通常搅拌 20min 左右，时间不宜过长，物料均匀即可，若长时间搅拌，物料温度升高，会导致物料融化板结。

③ 在进行配方计算时，应适当高于配比要求，给予一定的富裕，减少因取样不均匀或混合不到位造成的产品质量偏差。

④ 在使用各原料中元素含量计算时，应选用该原料判定合格线的最低含量为依据，如尿素中要求氮含量达到 46% 为合格，则以此数据为计算依据。

（三）水肥一体化施肥技术及设备

1. 水肥一体化施肥技术

水肥一体化技术是指根据作物需求，对农田水分和养分进行综合调控、一体化管理，以水促肥、以肥调水，实现水肥耦合。具体做法是：借助压力系统或者地形的自然落差情况，结合土壤养分含量以及作物营养需求，将可溶性固体肥料或液体肥料配兑成肥液与灌溉水一起，通过管道系统向植物根部供水、供肥。

水肥一体化技术是基于节水灌溉和植物营养技术的综合应用，由高效节水灌溉设计与实施、水溶肥料、根据作物需水需肥规律拟合灌溉施肥方案组成，把肥料溶解在水中，采用灌溉的方式，用管道输送到田间的每一株作物。水肥一体化技术是灌溉行业与肥料行业的技术交叉，是目前最普遍的水肥供应技术，它通过分析水溶肥的特性、施播情况及要求，研究可调控的根下施播专用设备，从严谨的高效节水灌溉项目设计开始，根据设计要求的参数，安装性价比高的灌溉施肥设备和选择便于自动化的水溶性肥料，辅以科学合理的微灌施肥方案，最终形成规模种植农场定制化、科学的水肥综合管理方案。目前，我国的水溶肥技术主要应用于冬小麦、棉花、番茄、马铃薯、果树、蔬菜等经济作物，近年来在玉米上也进行了试验，生长效果较好。

2. 水肥一体化施肥设备

水肥一体化施肥应包括基本资料搜集、技术参数初定、灌水器选型、管网布置与设计、管网水力计算和首部枢纽设计。具体设备包括如下。

（1）灌溉首部

水泵选型原则为额定扬程与流量满足灌溉设计要求。距离地表水源较近宜选择离心泵，距离水源较远或采用地下水灌溉宜选用潜水泵。长期运行过程中，水泵平均效率要高，而且经常在最高效率点的右侧。配施肥机是水肥一体化设备设施的大脑，决定施肥工效，并影响农业种植标准化生产；是高效节水灌溉首部重要组成部分。水表的选择要考虑水头损失值在可接受范围内，测量范围比系统实际水头略大的压力表，以提高测量精度并配置于肥料注入口上游，防止肥料腐蚀水表。

（2）田间管网

管道是灌溉输水项目重要组成部分，管道选材、选型直接影响到项目建设质量和造价，其中塑料管道用量最大。

（3）田间首部

田间首部具有二级调压、过滤，预防虹吸和水锤功能，由二级叠片过滤器、电磁减压阀、空气阀与真空阀组成。为保证每个灌水小区灌水均匀度，各灌水小区的首部安装具有调压（减压）功能的阀门，可以预先设定所有灌水小区首部所需压力。叠片过滤器精度为120目，可以进一步对水质进行净化，以保证滴灌管线经长时间使用而不会发生堵塞。田间首部中的空气阀，可以排出系统中的空气，消除气阻保护系统设备；真空阀可以向系统中补充空气，防止真空破坏。

（4）灌水器

灌水器的作用是把末级管道中压力水流均匀而又稳定地分配到植物根部。

二、工艺流程

水溶肥的生产工艺主要有物理混配和化学合成两种。

① 物理混配是将磷酸二氢钾、硝酸钾、氯化钾等易溶性的原料肥经粉碎机、混匀机等破碎混匀，采用物理混合方式直接混配为水溶性钾肥。该法工艺简单，产品生产成本低，售价便宜，普遍应用于作物施肥。但物理混配的水溶性肥料杂质多，产品质量得不到保证，且技术含量低。

② 化学合成是将原料在一定温度、酸碱度等控制条件下，经溶解、除杂、合成、浓缩等一系列特定的化学反应及工艺过程，结晶分离得到全水溶的肥料产品。化学合成法生产的水溶肥具有产品质量稳定，能保证100%水溶，酸碱度易控制，与现代灌溉设施能更好的契合等特点。

化学合成法较物理混配法更具技术含量，更具竞争力和可持续发展力。化学合成法的瓶颈之处在于合成过程中，单一物质的溶液易掌握，而在两相、三相甚至更多相的循环溶液，在低温冷结晶的过程中就会出现共结晶现象，即产品在析出过程中实际形成了复杂的复盐，直接导致产品氮磷钾的养分出现波动，不会按照设想的配比析出产品。下面我们重点介绍两种应用较为广泛的水溶肥生产工艺。

（一）物理混配法水溶肥生产技术工艺

随着水肥一体化技术在全国大规模应用，水溶肥的市场需求量越来越大，物理混配法生产水溶肥具有工艺简单、养分全面、浓度较高、配方灵活等特点，是常用的生产工艺之一。目前国内许多小企业几乎都是购买水溶肥原料，然后掺混成水溶肥成品，如图 3-2 所示。

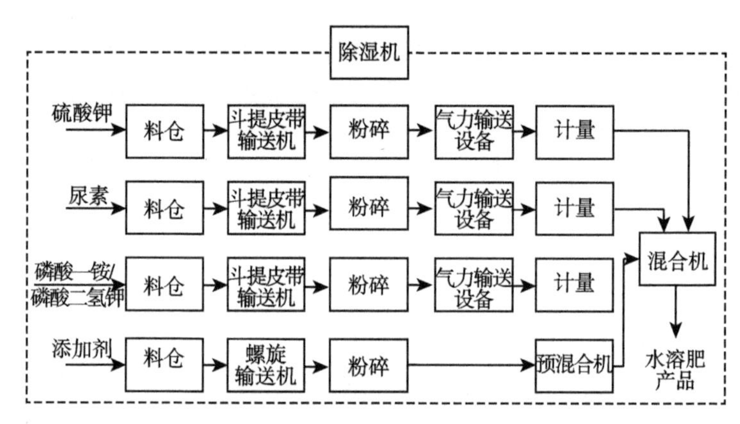

图 3-2　水溶肥的生产工艺流程

水溶肥生产系统主要由以下系统组成：①电脑控制系统；②原料破碎系统；③储料系统；④电子给料系统；⑤电脑配料系统；⑥原料输送部分；⑦杂物筛选系统；⑧高效混合系统；⑨成品输送系统；⑩成品储存系统；⑪成品定量包装系统；⑫自动封口码垛系统。水溶肥生产工艺主要包括：中央控制系统设置配方启动→原料处理（破碎）→原料配料（电脑计量）→原料过滤（杂物处理）→原料掺混（均匀混合）→成品包装封口（电脑定量包装）→输送码垛（机械手）→成品检验入库（化验）。

水溶性肥料生产中，可以选择多种成分进行复配，如养分元素、有机活性物质、调节剂、农药等，生产出具有不同功能型的水溶性复合肥产品，分为固体型和液体型两类。固体型和液体型水溶肥料的生产工艺和方法是我国目前复合型水溶肥的主要生产方式，大都是采用磷酸一铵、硫酸钾、尿素等初级化肥原料直接进行简单的物理混配，下面主要介绍固体粉剂型复合水溶肥和液体型复合水溶肥的生产工艺。

1. 固体粉剂型复合水溶肥生产工艺

固体粉剂类水溶肥料包装与运输比较方便，此类肥料的生产加工常采用混配工艺，一般以粉碎后混合加工为主，生产工艺过程比较简单，需要的设备比较少，主要有粉碎机和搅拌机。生产工艺流程一般是先将各种原料在粉碎机中粉碎，然后按照配方要求把各种原料用计量工具准确称量，放入混合槽中进行搅拌，搅拌均匀后直接称量、分装，即可成品。

2. 液体型复合水溶肥生产工艺

液体型复合水溶肥料是我国现阶段叶面肥料市场的主流产品，包括：清液型、悬浮型等类型。其配方可以根据不同作物的生长发育特点和营养需求及土壤养分等特点状况，进行按需配比和应用，所以其生产灵活、使用灵活，应用较广泛，能够满足不同作物的生长需求，液体型水溶肥料的生产工艺一般是将各种养分、助剂、活性物质等成分溶解到水中，加工成液体型，生产方法主要采取溶解、混合等简单工艺，主要生产设备有粉碎机、反应釜、储存罐、包装设备等。

液体型复合水溶肥生产工艺比固体水溶型复合肥相对复杂，生产设备也较多，有时还需要加热和保温。但是，以液体型天混合生产的水溶性肥料营养成分比较均匀，产品质量比较稳定，容易与各种植物活性物质以及表面活性剂等进行复合。其生产工艺根据原料形态的不同而不同，可以分为固态原料为主、液态原料为主和固液混合原料为主的三类生产工艺流程。

（1）以固态原料为主生产的液体水溶性肥料

根据生产要求，需要将固体原料分别进行称量、粉碎后，按照一定顺序加入溶解槽中进行溶解，溶解槽中事先加有一定数量的水溶液，然后送入贮存罐，再从贮存罐输送到混合槽。

（2）以液态原料为主生产的液体水溶性肥料

根据配方要求，只需将液体原料分别计量后，按序加入或直接从原料贮存罐中输入混合槽中，搅拌均匀即可。

（3）既有固态原料又有液态原料生产的液体水溶性肥料

先将液态原料按照配方计量加入混合槽中，再将固态原料粉碎后按配方计量好，然后依一定顺序加入混合槽中混合。为了增加养分溶质在水溶性肥料原液中的溶解度，防止原液产生沉淀或浑浊，通常需要调节原液的酸碱度，在搅拌溶解过程中，有时需要通入蒸汽加热，以利于某些成分的彻底溶解，同时再加入配方所规定有的植物活性物质、表面活性剂等附加或辅助成分，充分搅拌均匀，待混合液冷却后，过滤、进行计量包装，即可得到液体型水溶肥料产品。

物理混配工艺和方法生产出的产品，固体产品外观较差，各种原料的形状和粒度、色泽等均参差不齐，产品的水不溶物含量达不到要求，往往是由于原料本身水不溶物含量较高导致的，并且在使用中容易堵塞喷/滴灌系统的管道和喷/滴头，而且产品易结块，给使用带来困难。因而，采用简单的混配工艺生产出的水溶性肥料产品品质难以保障，是难以生产出高品质的复合型水溶性肥料的，这也是我国水溶性肥料产品品质差的主要原因。

（二）化学合成全水溶肥工艺

化学合成工艺目前已日趋成熟，得到比较普遍的应用，在水溶肥产品生产和推广应用中均占相当大的比例。高塔工艺生产高浓度颗粒状全水溶性肥料，通过克服原料选择、配方设计、工艺指标调整和完善、防结块剂的选择等各种困难，并将中微量元素以螯合态加入，成功采用高塔工艺生产出了颗粒状全水溶性复合肥。

高塔造粒全水溶性肥料生产过程控制的要点如下。

① 原料选择首先必须保证生产水溶肥原料的全水溶性，特别是N、P_2O_5、K_2O 的原料选择非常重要。

② 高塔造粒工艺生产水溶肥的关键工序是物料计量、各种原料的加入顺序、物料熔融、螯合剂及中微量元素的添加方式、混合制浆、造粒。通过高塔造粒生产的全水溶性肥料很好地解决了肥料出现潮解、结块、杂质过多、水不溶物含量超标、“胀气”等现象。

三、质量控制

（一）水溶肥料执行标准

水溶肥是一种高效、环保的肥料，其主要成分为氮、磷、钾等元素，可以快速被植物吸收利用，提高作物产量和品质。为了水溶肥的质量和安全性，国家制定了一系列的执行标准。

水溶肥的执行标准是指水溶肥生产企业按照国家相关法律法规和标准要求，制定企业标准，并向行政机关提交备案申请。经过审批后，备案标准将作为水溶肥生产的质量控制标准，确保水溶肥产品的质量和效果。水溶肥企业标准备案的制定原则主要包括安全原则、有效原则、经济原则三个方面。安全原则是指备案标准中必须严格规定水溶肥产品的重金属含量、农药残留等安全指标，确保产品对环境和人体健康的安全性。有效原则是指备案标准中需要对水溶肥的成分、含量等做出明确规定，以确保产品能够满足不同作物的营养需求，达到预期的生长效果。经济原则是指备案标准中需要对水溶肥产品的价格做出合理规定，确保产品能够被广大消费者接受，同时也要考虑到生产企业的利润空间。

1. 产品质量标准

水溶肥的产品质量标准包括外观、氮、磷、钾含量、水溶性、重金属含量等指标。固体水溶肥外观应为白色或淡黄色结晶体，无异味、杂质和结块现象。氮、磷、钾含量应符合产品标签上的标示，水溶性应达到90%以上，重金属含量应符合国家标准。

2. 包装标识标准

水溶肥的包装标识标准包括产品名称、规格、生产厂家、生产日期、保质期、使用方法等信息。产品名称应明确，规格应明确，生产厂家应真实可靠，生产日期和保质期应清晰标注，使用方法应详细说明。

3. 使用标准

水溶肥的使用标准主要包括使用方法、使用量、使用时间等指标。使用方法根据不同作物和生长期选择适当的浓度和施肥方式，使用量应根据土壤肥力和作物需求量确定，使用时间应根据作物生长期和气候条件确定。

4. 质量监督标准

水溶肥的质量监督标准包括生产企业的生产许可证、产品质量检测报告、销售合同、售后服务等方面。生产企业应具备生产许可证和相关资质，产品质量检测报告应符合国家标准，销售合同应明确产品名称、规格、数量、价格等信息，售后服务应及时、周到等。

5. 不同类型水溶肥执行标准也不同

在选择和使用水溶肥时，需要参照相应的执行标准，遵循合理的使用方法，以确保作物的生长效果和安全性，水溶肥的标准按照不同类型可以分为以下几种。

（1）大量元素水溶肥料（执行标准为 NY 1107—2010）

大量元素水溶肥料按剂型可分为四类：大量元素水溶肥料微量元素型固体产品，大量元素水溶肥料微量元素型液体产品，大量元素水溶肥料中量元素型固体产品，大量元素水溶肥料中量元素型液体产品。大量元素水溶肥料的要求见表 3-1。

表 3-1　大量元素水溶肥料的要求

项目		固体产品指标	液体产品指标
大量元素含量		≥50%	≥400g/L
水不溶物含量		≤1.0%	≤1.0g/L
水分含量（H_2O）		≤3.0%	—
缩二脲含量		≤0.9%	≤0.9%
氯离子含量	未标“含氯”的产品	≤3.0%	≤30g/L
	标识“含氯（低氯）”的产品	≤15.0%	≤150g/L
	标识“含氯（中氯）”的产品	≤30.0%	≤300g/L

大量元素含量指 N、P_2O_5、K_2O 含量之和，产品至少应包含其中 2 种大量元素，单一大量元素含量不低于 4.0%或 40g/L。各单一大量元素测定值与标明值负偏差的绝对值应不大于 1.5%或 15g/L。氯离子含量大于 30.0%或 300g/L 的产品，应在包装袋上标明“含氯（高氯）”，标识“含氯（高氯）”的产品，氯离子含量可不做检验和判定。

（2）微量元素水溶肥料（执行标准为 NY 1428—2010）

微量元素水溶肥料按剂型分为两种类型：微量元素水溶肥料固体

产品和微量元素水溶肥料液体产品。按添加元素可分为多元素型和单一元素型。单一元素型是指产品中只含铜、铁、锰、锌、硼、钼等六种元素中的一种，含量应不低于0.05%（或0.5g/L）。微量元素水溶肥料的要求见表3-2。

表3-2　微量元素水溶肥料的要求

项目	固体产品指标	液体产品指标
微量元素含量	≥10%	≥100g/L
水不溶物含量	≤5.0%	≤50.0g/L
水分含量（H_2O）	≤6.0%	—
pH值（1∶250倍稀释）	3.0~10.0	3.0~10.0

微量元素含量指的是铜、铁、锰、锌、硼、钼元素含量之和，产品应至少包含一种微量元素，含量不低于0.05%或0.5g/L的单一微量元素均应计入微量元素含量中，钼元素含量不高于1.0%或10g/L。

（3）中量元素水溶肥料（执行标准为NY 2266—2012）：中量元素水溶肥料按剂型分为两种类型：中量元素水溶肥料固体产品和中量元素水溶肥料液体产品。中量元素水溶肥中量元素含量不低于10%（或100g/L）。若中量元素水溶肥料中添加微量元素成分，微量元素含量应不低于0.1%或1g/L，且不高于中量元素含量的10%。中量元素水溶肥料的要求见表3-3。

表3-3　中量元素水溶肥料的要求

项目	固体产品指标	液体产品指标
中量元素含量	≥10.0%	≥100g/L
水不溶物含量	≤5.0%	≤50g/L
pH值（1∶250稀释）	3.0~9.0	3.0~9.0
水分含量（H_2O）	≤3.0%	

中量元素含量指钙、镁元素含量之和，含量不低于1.0%或10g/L的钙或镁元素均应计入中量元素含量中，硫元素不计入中量元素含量，仅在标识中标注。

（4）含腐殖酸水溶肥料（执行标准为NY 1106—2010）

按剂型分为两类：含氨基酸水溶肥料中量元素型固体产品和含氨

基酸水溶肥料微量元素型液体产品。含腐殖酸水溶肥料的要求见表3-4和表3-5。

表3-4 含腐殖酸水溶肥料（大量元素型）的要求

项目	固体产品指标	液体产品指标
腐殖酸含量	≥3.0%	≥30g/L
大量元素含量	≥20.0%	≥200g/L
水不溶物含量	≤5.0%	≤50g/L
pH值（1∶250倍稀释）	4.0~10.0	4.0~10.0
水分（H_2O）	≤5.0%	—
大量元素含量指N、P_2O_5、K_2O含量之和，产品至少应包含两种大量元素，单一大量元素含量不低于2.0%或20g/L。		

表3-5 含腐殖酸水溶肥料（微量元素型）的要求

项目	指标
腐殖酸含量,%	≥3.0
微量元素含量,%	≥6.0
水不溶物含量,%	≤5.0
pH值（1∶250倍稀释）	4.0~10.0
水分（H_2O）,%	≤5.0
微量元素含量指的是铜、铁、锰、锌、硼、钼元素含量之和，产品应至少包含一种微量元素，含量不低于0.05%的单一微量元素均应计入微量元素含量中。钼元素含量不高于0.5%。	

（5）含氨基酸水溶肥料（执行标准为NY 1429—2010）

按剂型分为两类：含氨基酸水溶肥料中量元素型固体产品和含氨基酸水溶肥料微量元素型液体产品。含氨基酸水溶肥料的指标见表3-6和表3-7。

表3-6 含氨基酸水溶肥料（中量元素型）的指标

项目	固体产品指标	液体产品指标
游离氨基酸含量	≥10.0%	≥100.0g/L
中量元素含量	≥3.0%	≥30.0g/L

（续表）

项目	固体产品指标	液体产品指标
水不溶物含量	≤5.0%	≤50.0g/L
水分含量（H_2O）	≤4.0%	—
pH 值（1∶250 倍稀释）	3.0~9.0	3.0~9.0
中量元素含量指钙、镁元素含量之和。产品至少包含一种中量元素。含量不低于 0.1% 或 1g/L 的单一中量元素均应计入中量元素含量中，硫元素不计入中量元素含量，仅在标识中标注。		

表 3-7 含氨基酸水溶肥料（微量元素型）的指标

项目	固体产品指标	液体产品指标
游离氨基酸含量	≥10.0%	≥100.0g/L
微量元素含量	≥2.0%	≥20.0g/L
水不溶物含量	≤5.0%	≤50.0g/L
水分含量（H_2O）	≤4.0%	—
pH 值（1∶250 倍稀释）	3.0~9.0	3.0~9.0
微量元素含量指的是铜、铁、锰、锌、硼、钼元素含量之和，产品应至少包含一种微量元素，含量不低于 0.05%或 0.5g/L 的单一微量元素均应计入微量元素含量中，钼元素含量不高于 0.5%或 5g/L。		

（6）有机水溶肥料（执行标准为 NY 1106—2010）

有机水溶肥料按有机物质类型可分为含氨基酸水溶肥料、含腐殖酸水溶肥料和有机水溶肥料。

含海藻酸水溶肥料及部分含腐殖酸、氨基酸水溶肥料产品等标准由企业拟定，企业需要根据水溶肥料的国家行业标准和地方标准进行研发、生产和登记水溶性肥料产品。

（二）水溶肥料合格判定标准

水溶肥料合格判定标准涉及肥料的营养成分、pH 值、重金属含量等方面的要求。进行检测时需要严格按照标准进行，确保肥料质量达标，符合生产和使用要求，保障农作物生长和人体健康

1. 营养成分要求

氮、磷、钾元素的含量要符合产品说明书中的规定，各元素的含量误差在正负5%以内。微量元素的含量要符合产品说明书中的规定。

2. pH值要求

pH值要符合产品说明书中的规定，误差在正负0.5以内。氮素肥料pH值一般在4.5~8.0，磷酸肥料pH值一般在5.5~7.5，钾肥pH值一般在8.0~13.5。

3. 重金属含量要求

铅、镉、汞、铬等有害重金属的含量要严格控制在国家标准规定的范围内，以保障农作物生长和人体健康。含氟肥料的氟化物含量不得超过产品说明书规定的含量。

4. 检测方法

营养成分检测：根据肥料质量控制标准的要求，使用化学方法进行检测。pH值检测：使用pH计或pH试纸进行检测。重金属含量检测：按照《水溶肥料汞、砷、镉、铅、铬的限量要求》（NY/T 1110—2010）的标准采用原子荧光光谱法、电感耦合等离子体发射光谱法等技术进行检测。是否含有有机废水：肥料中是否含有有机废水，可选用电导率法、连续性监测法或文献法进行检测。

第三节　发展现状和前景展望

一、发展现状

（一）国外现状

国外一些工业发达国家对水溶肥的研究相对较早，这与国外化工行业发展比较成熟及先进的现代化农业设施和农业管理技术有关。国外水溶肥被广泛用于温室中的蔬菜和花卉、各种果树以及大田作物的灌溉施肥，园林景观绿化植物的养护，高尔夫球场，甚至于家庭绿化植物的养护。低浓度水溶肥料主要用于大田作物，而高浓度水溶肥料及功能型水溶肥料主要用在经济作物及花卉上。由于灌溉设施的普及，水溶肥在一些农业发达国家得到快速发展。美国液体肥料产量占总肥料的50%，是世界上微灌面积最大的国家，60%的马铃薯、25%的玉米、33%的果树均采用水肥一体化技术，并开发应用了新型的水溶肥料、农药注入控制装置，用于水肥一体化的专用肥料占肥料总量的38%。法国、澳大利亚、加拿大、荷兰、丹麦、以色列、墨西哥等都是大面积应用液体肥料的国家。以色列由于灌溉施肥全面普及，90%的农作物通过灌溉系统使用液体肥料，超过50%的氮和磷以及65%的钾都是以灌溉施肥的方法施用的。美国液体肥料的发展比其他国家更为迅速，原因是美国农业集约化水平较高，具有较好的管网输送设施，生产、销售、农化服务也比较完善。水溶性复合肥料具有生产成本低、养分含量高、易于复合、能直接被农作物吸收、便于配方施肥和机械化施肥等优点，正是因为农业集约化和产业化高度发展，农业机械化耕作和机械化施肥条件良好等所固有的特点和优点，引起了越来越多的公司的重视，大都集中在一些工业比较发达的国家，如全球最大的水溶性肥料——智利化学矿业公司（SQM），以及挪威的雅冉公司，英国的欧麦思公司，以色列的海法公司，德国的圃朗特公司，美国的施可得公司，美国的果茂公司，美国的 Greencare 公司，美国的 Plant-marvel 公司，（株）韩国现代特产公司，加拿大的植物产品公司等。由于水溶肥的市场准入限制较少，农化服务体系相对比较成熟，有专门的农化服务人员和农化服务平台等诸多因素，大大推动了水溶性肥料的发展。

（二）国内现状

与国外相比，我国水溶肥发展比较晚，中国的化肥工业真正是从1956 年上海化工研究院合成小氮肥才开始的，中国化肥工业先后经历了硫铵，小氮肥碳酸氢铵，尿素，过磷酸钙、磷酸一铵，磷酸二铵，氯化钾、硫酸钾，低浓度复合肥，高浓度复合肥，BB 肥的不同阶段。水溶肥起步于 20 世纪 90 年代末期，发展于 21 世纪初。前几年国内市场上出现了被称为“冲施肥”“水冲肥”等，无论在有效养分含量、产品质量、肥效、对植物安全性等各方面均难达标，是不能完全被视为“水溶性肥料”。1995—2000 年，国外水溶性肥料开始进入中国，主要产品为花卉用肥，价格较高。1998 年，部分高价值经济作物地区开始使用进口水溶性肥料，该肥料正式进入农业领域。从 2000 年开始，国内一些肥料公司开始了初步的技术研究和产品开发。我国市场首先认识水溶肥就是粉剂水溶肥。直到 2005 年，我国水溶肥料产业才开始真正形成，在水肥一体化产业推广的条件下，我国水溶肥产业迅速发展起来。2006 年农业部四个水溶肥相关标准出台后才被市场所认识，相关研发和应用才逐步开展。2007 年开始国内的一些肥料公司开始关注全水溶肥料，也开始了对水溶肥的技术研究、产品开发和大规模发展，我国水溶性肥料的施用面积迅速扩大。到 2009 年，我国出台了多个水溶肥的农业行业标准，如大量元素水溶肥、中量元素水溶肥、微量元素水溶肥、含氨基酸水溶肥、含腐殖酸水溶肥的标准。除此以外，还有添加氨基酸、海藻酸、腐殖酸、甲壳素等生物刺激类物质，并混配大量元素或微量元素的有机水溶肥。我国水溶肥市场前景广阔，越来越多的具有全水溶、全吸收性水溶肥正逐渐被经销商和农民所接受。2013 年 3 月，农业部办公厅专门印发《水肥一体化技术指导意见》，号召全国农业部门和农技推广站大力开展水肥一体化技术推广工作，加速实现农业现代化中的灌溉现代化和施肥现代化。2015 年农业部下发的《到 2020 年化肥使用量零增长行动方案》，在化肥总使用量零增长的前提下，传统化肥用量正在逐渐减少，水溶肥、颗粒肥等新型肥料占比逐年提高。随着中国农业的集约化、规模化发展，水资源的进一步匮乏，以及大型农场不断涌现，滴灌、喷灌节水设施农业面积迅速扩大，在业内，已经有越来越多的政府部门、专家学者、技术推广、农业从业者认识到水溶性肥料和水溶性肥料产业的重要性。

近年来，随着水溶肥行业的快速发展，目前国内涌现了一大批水溶肥厂家，主要集中在山东、云南、海南、广西、四川、广东等经济作物较多的省份，规模较大的生产厂家有深圳市芭田生态工程股份有限公司、武汉格林凯尔农业科技有限公司、四川绵阳联创化工有限公司等，生产登记的产品主要为颗粒、粉剂、水剂三种产品剂型。

二、存在问题

（一）行业发展中的问题

1. 市场混乱，价格高

目前我国水溶肥料产品价格普遍偏高，超过常规复混肥料。这是因为水溶性复混肥的原料成本高，原料要求严格，水溶肥应用的时候需要技术服务，有的肥料企业的服务成本也算在价格里，还有就是经销商和零售商的高利润等因素导致水溶肥市场价格偏高，从而导致这些产品主要用于水果、蔬菜、花卉等经济作物，抑制了在大田作物上的应用，适用范围比较受限。再加上水溶肥市场相对混乱，存在生产厂家多、产品杂乱、质量参差不齐等问题，导致消费需求受限。

2. 缺乏农技人才

我国水溶肥市场发展，产品众多，种类各异，与国外发达国家相比，主要面临的是推广过程的问题。加上农村种地的大多是年龄比较大的、文化程度比较低的农民，缺乏对新兴事物的接受和学习能力，所以对水溶肥的知识认知比较低，需要专业的农业技术人员进行指导。另外，我国水溶肥大部分借助水肥一体化方式进行灌溉设施应用，必须通过专业的灌溉施肥系统进行施用，否则会造成肥料浪费或植物烧苗。因此，专业农业技术人才是限制水溶肥行业发展的因素之一。

3. 生产技术落后

与国际水溶肥生产企业相比，国内水溶肥生产技术相对落后，生产设备简陋，在研发资金和技术人员的投入上严重不足，且技术研发与市场需求脱节。对改善水溶肥生产工艺及技术、促进养分吸收、提高有效成分浓度、增加体系稳定性、提高不同原料的混配技术等研究不够，缺乏对螯合剂、表面活性剂、新型化合物、功能性物质的研究与应用。不少企业仅仅是将尿素、硝酸钾、水溶性磷酸一铵等原料进行简单物理混配，没有吸湿设备，染色及防结块技术不过关，生产出的肥料往往出现潮解、结块、染色不均、杂质过多、水不溶物含量不达标等现象，严重影响水溶性肥料的销售。

（二）施用过程中的问题

1. 施用方法选择不当

水溶肥一般采取浇施、喷施或者将其混入水中，随同灌溉（滴灌、喷灌）施用。切记直接冲施，没有二次稀释，溶肥比一般复合肥养分含量高，用量相对较少，直接冲施极易造成烧苗伤根、苗小苗弱等现象，二次稀释不仅利于肥料施用均匀，还可以提高肥料利用率。因此，如果施肥方式不对，操作方式不当，容易产生作物生产减产、品质下降、肥料浪费等现象，例如：叶面施肥需要避开中午的时间，以免造成烧苗现象。此外，水溶肥千万不要随大水漫灌或流水灌溉等传统灌溉方法施用，以避免肥料浪费和施用不均。

2. 水肥灌溉设备不配套

水肥一体化施肥技术容易造成设备阻塞、喷淋设备或滴管设备不能正常使用，增加设备维护和维修成本，所以施用过程中要注意设备与肥料配套性，肥料 100%的溶解及设备的定期维护保养。

3. 一次性大量施用、没有配合施用

由于水溶肥速效性强，难以在土壤中长期存留，少量多次是最重要的施肥原则，符合植物根系不间断吸收养分的特点，应减少一次性大量施肥造成的淋溶损失，需要少量多次施肥。水溶肥料为速效肥料，一般只能作为追肥。特别是在常规的农业生产中，水溶肥是不能替代其他常规肥料的。要做到基肥与追肥相结合、有机肥与无机肥相结合、水溶肥与常规肥相结合，以便降低成本，发挥各种肥料的优势。

三、前景展望

水溶肥料作为一种速效肥料，营养元素比较全面，且根据不同作物的需肥特点，施用不同配方的水溶性肥料，如市场上销售的有蔬菜、果树、花卉、粮食、棉花、油类等各类作物的专用水溶肥。一般消费区域主要集中在大棚蔬菜生产基地、果树生产基地以及一些花卉等种植区，比如我国的辽宁、河北、山东、新疆、四川、广西、云南

和海南等地区是水溶肥的重点消费区域。因为水溶性肥料具有使用方法简单，使用方便等特点，因此它在全世界得到了广泛的应用。水溶肥产品与施用技术符合“低碳节能、高效环保”的要求，因此发展前景十分广阔。

我国是全球淡水资源贫乏的国家之一，农业的季节性及产业分布不均，区域性缺水等问题突出。水资源供需矛盾的突出，已成为制约我国农业发展的主要瓶颈。水溶性肥料作为新型环保肥料使用方便，可以喷施、可以冲施，还可以滴管喷灌等，能够提高肥料利用率、节约农业用水、减少生态环境污染、改善作物品质及减少劳动力等各种优势。随着中国农业的集约化、规模化发展，以及大型农场不断涌现，滴灌、喷灌节水设施农业面积迅速扩大。国家当前已明确地把合理利用水资源上升到农业发展的战略高度，大力推广渠道容水，管道输水，节水灌溉、喷灌、滴灌等技术。越来越多的政府部门、专家学者、技术推广部门、农业从业者认识到了水溶肥和水溶肥产业的重要性。水溶肥是符合更加环保、更加可持续发展的新一代肥料，是适合农业可持续发展的新型肥料，也是中国肥料工业和产业未来的重点发展课题与项目。目前，水溶肥正处在由过去传统喷施、冲施，向大田批量化应用的转折点，将成为未来肥料发展的重要方向之一。

第四章　微生物肥料

第一节　基本知识

一、相关概念

被誉为“中国农业微生物学奠基人”、中国科学院院士陈华癸教授对微生物肥料的定义为，“微生物肥料是指一类富含活性微生物的特定成品，以用于农业生产，得到一定的肥料效应”。

依据农业农村部发布的《微生物肥料术语》（NY/T 1113—2006）中，规定：微生物肥料（microbial fertilizer；biofertilizer）是指含有特定微生物活体的制品，应用于农业生产，通过其中所含微生物的生命活动，增加植物养分的供应量或促进植物生长，提高产量，改善农产品品质及农业生态环境。

微生物肥料有一些简称或俗名，比如“菌肥”或者“生物肥”，但是不能简称为“微肥”，因为这两者并不一样。微肥指的是含有微量矿质元素的化肥，而微生物肥料并不是直接对农作物供给养分的肥料，它是利用科学技术将一种或多种活的有益微生物通过一系列工业化加工形成的肥料制品。这类制品施入土壤后，通过微生物生长和生理活动来直接或间接影响植物生长和土壤环境，从而达到提供营养、改善作物根际微生态环境、促进作物生长、提高作物产量、改善作物品质、减轻病虫害等多种作用效果。

二、主要分类

微生物肥料可以作为基肥和拌种肥，也可作追肥和肥料发酵剂，并且可以与有机肥、化肥等联合使用。目前，依据不同标准，有三种不同的分类方法。

一是依据制成品肥料的成分不同而划分为微生物接种剂（microbial inoculant）、复合微生物肥料（compound microbial fertilizer）和生物有机肥（microbial organic fertilizer）。其中微生物接种剂有9种菌剂类型：固氮菌菌剂（azotobacteria inoculant），根瘤菌菌剂（rhizobia inoculant），硅酸盐细菌菌剂（silicate bacteria inoculant），溶磷微生物菌剂（inoculant of phosphate-solubilizing microorganism），光合细菌菌剂（inoculant of photosynthetic bacteria），菌根菌剂（mycorrhizal fungi inoculant），促生菌剂（inoculant of plant growth-promoting rhizosphere microorganism），有机物料腐熟菌剂（organic matter-decomposing inoculant），生物修复菌剂（bioremediating inoculant）。

二是按微生物种类的数量分类，可以分为两类，分别是只含一种微生物的肥料即单一菌种肥料，以及含多种微生物的复合肥料。

三是按制成品的外观性状分类，可以分为液体和固体两种形态。

三、产品特点

（一）依据制成品肥料的成分分类

1. 微生物接种剂

微生物接种剂是指一种或一种以上的目的微生物经工业化生产增殖后直接使用，或经浓缩或经载体吸附而制成的活菌制品。

（1）固氮菌菌剂

由可以进行固氮活动的微生物做成的菌剂，分为自生和联合固氮菌两类制剂。由自生固氮微生物合成的即自生固氮菌剂，是在自由生活状态时可以固氮的微生物；联合固氮菌剂是联合固氮微生物与C4植物（玉米、高粱等）根部形成松散联合，在C4植物根分泌物的影响和刺激下，大量聚集和繁殖，但不与植物形成任何共生的组织，它们的代谢产物对植物生长十分有利。

自生固氮菌制剂可以使用的菌种十分广泛。长期的研究指出，可以自主固氮的微生物至少包括 10 个科，200 多个种以上。例如，常用的有圆褐固氮菌（*Azotobacter chroococcum*）、棕色固氮菌（*Azotobacter vinelandii*）、拜叶林克固氮菌（*Beijerinkia*）中的几个种，等等。可以使用的联合固氮菌种类也很多，如固氮螺菌属（*Azospirillum*）中的一些种，克雷伯杆菌属（*Klebsella*）中的一些种等。

自生和联合固氮微生物虽然都可以固氮，但它们固氮的效率与共生的根瘤菌相比要低许多。根瘤菌在与豆科植物共生时，它可以源源不断地得到豆科植物宿主提供的能量。同时它们在根瘤内固定的氮素又不断地被植物运走，根瘤内始终处于一个氮含量相对很低的状态，不至于造成对固氮活动的阻遏。而自生或联合固氮微生物固定的氮素一旦能够满足自身的需求后，固氮活动就立即停止。现在还没有证据说明这些固氮微生物有泌氨能力，所以，它们固定的氮素通常是菌体死亡崩解后才能被植物吸收、利用。而且它们在固氮时也易于受土壤环境中氮素含量的影响，如果土壤中氮含量较高时，则不进行自主固氮。所以有研究指出：自生或联合固氮微生物固定氮素的量仅为根瘤菌固氮量的几十分之一，甚至更少。虽然如此，这类微生物在生长繁殖过程中可以产生较大量和多种类的次生代谢产物，如植物激素（如吲哚乙酸、细胞分裂素）、维生素、有机酸等，一些自生固氮菌可以产生大量的胞外多糖，对于形成土壤团粒结构十分有利。还有人报道，一些自生固氮菌能够溶解土壤中的难溶磷化合物，使作物的磷素供应得到改善。因此，作为微生物肥料的一类产品，自生和联合固氮菌类制剂更多的是综合作用而不是它们的固氮功能（虽然有，但不大）。

有鉴于此，生产中使用的自生和联合固氮菌应该选生长速度快、抗逆性强，产生次生代谢产物种类多、量大的菌株作为生产菌种，而不应该有太多的随意性，更不能以产品中包含了固氮菌就认为似乎为作物解决了氮素营养。产品中不仅要有含量较高的有效活菌，而且至少要保证在有效期内有效活菌含量不低于标准。使用时要充分注意到菌株的适应性、适应地域、相应的施用技术和合适的用量。

值得一提的是，过去部分企业使用的联合固氮菌为肺炎克雷伯菌（*K. pneumoniae*），这个菌种的优点是对碳源要求不高，生长速度快。但是，该菌种又是人的条件性致病菌，毒力强的菌株可引起老人及小孩的肺炎。曾有报道指出，某医院对 9 例新生儿脐带感染的病原分离中竟有 4 例为肺炎克雷伯杆菌。虽然在登记管理中对此菌的安全监督要求进行非病原鉴定，但是菌株的变异是经常发生的。所以在审议微生物肥料生物安全通用技术规范标准时，专家建议增设禁用菌种一级，肺炎克雷伯杆菌和产酸克雷伯杆菌均列在其中，企业在生产此类产品时，一定要避免采用有安全隐患的菌种。

（2）根瘤菌菌剂

根瘤菌制剂（根瘤菌肥料）的出现已有 100 多年的历史，它的普遍应用也有 70 年的历史，是世界上公认效果最稳定、最好的微生物肥料。制剂的生产原理是通过人工分离、筛选将固氮性能良好、抗逆性能优越和结瘤竞争能力强的根瘤菌菌株作为生产菌种，借助于工业发酵的设备和技术扩大培养而成。其中的固体制剂是用草炭土、蛭石或其他代用品作载体，吸附发酵液制成的，液体制剂为发酵液直接罐装或加人其他助剂后灌装而成。根瘤菌制剂的应用原理是制剂通过拌种、土壤接种后在相应的豆科种子周围存活、繁殖；当豆科植物萌发长出幼根后，制剂中的相应根瘤菌通过根部，在一系列生理过程和生物化学过程后侵入，在较短的时间后即可在豆科植物根部形成根瘤；侵入的根瘤菌即在其内生存，依靠豆科植物提供的营养，可实现生物固氮。一个根瘤的寿命大约是 60d，在这 60d 中将源源不断地给豆科植物提供优质的氮素营养，豆科植物在生长过程中不断的生成新的根瘤，老的根瘤衰老后破溃。一般来说，豆科植物的根瘤向其提供的氮素营养占其一生中氮素总需求的 1/2~2/3。不仅如此，老根瘤破溃后，它所含有的氮素则回到土壤中，可以提供给下茬作物。因此，早在几千年前的古代农书《齐民要术》中，就记载了种豆可以肥田的事实。种植豆科植物时使用了相应的根瘤菌制剂，使其多结瘤，多固氮，不仅能够节约氮素化肥，而且能提高当季豆科植物的产量，同时又给下茬留了一定的植物营养，一举多得，十分符合可持续发展的要求。虽然有人认为土壤中已有许多的“土著”（野生）根瘤菌，不必使用根瘤菌制剂，但有研究指出，土壤中的“土著”根瘤菌群体大约有25%为高效固氮，其余是中效、低效甚至无效的根瘤菌，所以即使在土壤中“土著”根瘤菌群体数量较多的情况下，使用经人工选育的高效固氮的根瘤菌系接种，依然可以取得一定的效果。另外，我们知道不同的豆科植物与根瘤菌的匹配，可以有不同的固氮效果，这就是共生体系供应的氮素营养可占豆科植物一生需求的3%~80%的原因之一。选择好的豆科植物品种与好的根瘤菌系常常可以取得好的田间应用效果，这是人们所追求的共生固氮效果最大化的重要内容。多年的作物育种工作使得种质品系的改进、更新很快，但是选育与之匹配良好的根瘤菌系的工作却进展缓慢，有些方面甚至停滞不前，这不能不说是一大缺憾。

根瘤菌是一类存在于土壤中的革兰阴性杆菌，它的生活史是从土壤环境—相应豆科植物种子周围—侵染豆科植物根部，在其根部形成根瘤+在根瘤中生活，固氮根瘤破溃后回到土壤中生活。根瘤菌接种剂则是将其原生活在土壤环境中变更为人为的分离、保存、鉴定，通过工业发酵、扩大培养制成制剂。人类对于根瘤菌的认识和研究已有100多年的历史，尤其是近30年中，对在豆科植物上结瘤的根瘤菌的鉴定和分类有了全新的认识，从分类上将其主要归入5个属，即根瘤菌属（*Mesorhizobium tamadayense*）、中华根瘤菌属（*Sinorhizobium*）、中慢生根瘤菌属（*Mesorhizobium*）、慢生根瘤菌属（*Bradyrhizobium*）、固氮根瘤菌属（*Azorhizobium*），从生理学特性上来说，这些根瘤菌的世代时间（其个体从1个变为2个的时间）可分为快生、慢生及介于二者之间的中慢生3类。快生根瘤菌的世代时间为3~4h，慢生根瘤菌为8~10h，中慢生的则为5~6h，并且与之相对应的快生根瘤菌在生长过程通常产酸，慢生根瘤菌产碱，中慢生根瘤菌则介于二者之间。

我们必须要考虑和注意的另外一个特性是根瘤菌对于豆科植物的侵染。虽然20世纪很通用的一个观点叫做根瘤菌和豆科植物之间的“互结种族”概念，即认为一种根瘤菌通常只在一种或几种豆科植物根部结瘤和固氮，反过来说一种豆科植物通常只会被某一种根瘤菌侵染结瘤。然而，随着研究工作的深入，发现这种“互结种族”的概念并不是完全固定的，越界或打破“互结种族”概念经常会出现，其中的本质仍然需要深入研究。但是从生产应用的角度，通常在某种豆科植物上侵染、结瘤和固氮的根瘤菌还是相对稳定的，不至于有过多或过大的改变。需要我们关注的是豆科植物的不同品种，由于育种、种植地区和土壤中根瘤菌群体组成，常会形成豆科植物与根瘤菌之间的亲和性，有人称之为匹配性。这种亲和性既决定了根瘤菌侵染、结瘤，也在一定程度上决定了其固氮效率的高低。在已有的一些研究中，发现了大豆、花生、苜蓿等豆科植物上均表现了一定的亲和性，同一种豆科植物等量接种不同的相应的根瘤菌后，它们的结瘤和固氮效果会有很大的差异反过来，同一个根瘤菌菌株，等量接种不同的豆科植物品种时，它们的结瘤和固氮效果同样表现出较大的差异，这种差异有时可达数倍之多。这就给生产企业明确提出了生产根瘤菌制剂时应该根据使用地区的豆科植物品种确定使用的根瘤菌菌株。一个生产菌株打遍天下的做法肯定是不科学的，也是不合理的。可惜，这个问题至今未引起许多生产企业的重视。企业在确定生产菌种之前，一方面要选用比较广谱的、适应品种能力强的菌种（这种确定应该是在较多的试验基础上），也要注意选用特定的、适用于某些土壤类型或某些特定豆科植物品种的生产菌种，切忌只使用1种生产菌种和生产模式，多年保持不变。

企业需要了解根瘤菌制剂生产应用。通常的使用方式是拌种和土壤接种。拌种是最为简便易行的一种接种方法，为了使根瘤菌能够黏在种皮上，许多企业在产品包装上附有诸如甲基纤维素钠的黏胶剂，使用时与制剂混合，达到制剂内的根瘤菌黏在种皮上的目的。但是此法的缺点是，种子萌发后，子叶出土，粘有根瘤菌的部分虽有一些留在土壤内，大多却被带出了土壤。同时根向下长，使得侵染结瘤的机会被土壤里的“土著”根瘤菌夺得。另外，拌种后的种子则由于光滑度不好，常造成播种障碍，尤其是用固体制剂时更明显。多年前有试验证明，如果将制剂中的根瘤菌置于种子下方 2~3cm 处，根一长出立即遇到相应的根瘤菌，对结瘤和固氮十分有好处，应用效果明显好于拌种，此即为土壤接种。一些国家对此制造了配套的农机具，将根瘤菌液体直接喷入种子周围进行土壤接种，保证了接种效果。目前我国还没有相配套的农机具，这也是根瘤菌制剂应用面积不大的一个重要原因。

由于根瘤菌是一类无芽孢的杆菌，自身抗逆性不强，而且世代时间比起许多微生物而言又比较长，因此在生产过程中企业必须从菌种到种子制备、发酵的各个环节，甚至到后处理的每个步骤均需要严格控制，保证不污染杂菌，否则很难生产出合格产品。

根瘤菌制剂应用效果的重要因素之一，是还要保证使人工选育出的高效固氮根瘤菌要能够在豆科植物根部结瘤，或在土壤中与“土著”根瘤菌竞争时能多结瘤。一方面要用与种植品种相匹配的根瘤菌菌株，另一方面要保证产品中含有足够数量的根瘤菌。据研究，在种子拌种时，小粒种子要保证每粒种子至少有 10^4 个活根瘤菌，大粒种子要保证每粒种子 10^6 个活根瘤菌。因此无论国内外均制定了相应的根瘤菌活菌含量的最低标准。若企业生产出的产品达不到有效活菌含量标准，田间应用效果要大打折扣，甚至使用后看不出什么效果。目前，一些国家的根瘤菌制剂数量已经超过 10^9 个/g。

除此之外，在生产根瘤菌制剂时还应注意包装材料和助剂，一些企业使用的包装袋是聚乙烯塑料袋，这种包装袋不透气、不透水，致使产品保质期缩短，应采用不透水、透气的材料，对于延长保质期十分有利。至于助剂的作用，一方面可以保护根瘤菌的存活，另一方面可以在相当长的时间里保证足够数量的活根瘤菌，对于生产高品质的根瘤菌制剂是十分必要的。企业可以依据产品工艺条件和剂型确定所使用的助剂种类及浓度。

最后，需要提及的是生产工艺中的一些问题。例如发酵用培养基的筛选，选择什么样的碳源、氮源及其合适的比例，最适发酵周期的确定、通气量，生产企业要根据自己的条件进行试验、筛选，形成自己的最佳工艺路线。这对于生产出高质量的产品，降低能耗和成本是必不可少的。生产固体制剂的企业还要选用最合适的载体材料、粉碎的粒度、灭菌和搅拌的方式，也是重要的方面。

（3）硅酸盐细菌菌剂

硅酸盐细菌（Silicate bacteria）是指能分解硅酸盐类矿物的一类细菌，最早是于1911年分离获得，1939年苏联学者命名为硅酸盐细菌。20世纪60年代我国学者引进在研究中发现该菌对改善作物的钾元素代谢和营养有作用，有人将其俗称为“钾细菌”。此后有关此菌的名称一直有争议，争议的焦点在于没有十分准确的试验证实其解钾作用。1999年南京农业大学盛下放对1株硅酸盐菌株解钾作用通过解钾效果测试、解钾的影响条件、田间应用及解钾机理几个方面的研究证明在盆栽和摇瓶培养时，该菌株能释放出钾长石中的钾，用生物学、物理学和化学的方法表明了其能够破坏钾长石晶状结构，从而将钾元素释放出来，钾长石晶格结构的破坏与有机酸、氨基酸及荚膜多糖密切相关，解钾是通过酸溶和络合溶解实现的。试验也证实了该菌在培养过程中产生草酸、柠檬酸、酒石酸、苹果酸等多种有机酸，同时它的次生代谢产物里有多种植物激素（如吲哚乙酸、生长素、赤霉素和细胞分裂素），研究证明了此菌的综合作用。

硅酸盐细菌中最常见的是胶质芽孢杆菌（*Bacillus mucilaginosus*），但是该细菌名称在过去一直存在争议。1998年，该菌名在国际细菌分类权威学报《国际系统细菌学杂志》（*International Journal of Systematicand Evolutionary Microbiology*）发表生效。2010年胡秀芳等学者通过16S rDNA、gyr B基因序列分析，DNA-DNA杂交等分类学手段，将该菌种归为类芽孢杆菌属，并更名为胶质类芽孢杆菌（*Paenibacillus mucilaginosus comb. nov.*）。目前农业部微生物肥料中心登记采用的名称为“胶冻样类芽孢杆菌”，中国知网上相关文献采用最多的名称为“胶质芽孢杆菌”。有研究指出，硅酸盐细菌有150多个种，但并非都有解钾作用，有人认为其中能够解钾的只有十多种。这在筛选生产菌株时是必不可少的考虑因素。胶质芽孢杆菌作为菌种在生产硅酸盐菌剂时经常遇到的问题是，由于碳源选择不当造成菌体胞外多糖的产量剧增，显微镜下可见菌体外包裹了一厚层，有时可达菌体的许多倍，以至于发酵液的单位体积活菌含量很低，产品达不到标准的要求。许多企业在生产时遇到同样的情况，通过调整培养基的组成可以解决。钾素营养是植物必需的三大营养元素之一，土壤速效钾供应不足是产量进一步提高的重要原因。我国的农业生产模式出现土壤养分失调，缺钾地区不断扩大，而土壤全钾中仅有1%~2%可直接被作物利用，90%以上则不能被作物直接吸收利用。一般认为，土壤颗粒组成约60%是含钾的硅酸盐，如果耕层内的钾均转变为速效钾，可以供作物利用几百年。一方面土壤中钾素含量十分丰富，另一方面作物能吸收利用的却不多，构成了一个矛盾体。我国缺少可溶性钾资源，1998年钾肥生产仅占世界总产量的0.013%，而钾肥的用量却很大。据估计2010年每年的钾肥用量将达到800万t以上。肥料品种的失衡和土壤养分供应平衡是今后需要解决好的一个大问题。着眼点不能完全落在大幅度提高钾肥进口量，应实施综合工程，包括平衡施肥、增加秸秆还田、促进土壤钾元素的合理循环，同时生化转化应该是一项行之有效的内容。硅酸盐菌剂的生产近20多年来增长迅速，据了解至少有40多个企业有生产，多年来的使用证明不仅可以减少钾肥的使用量，还在如土豆、地瓜、棉花、玉米、烟草、水稻等需钾作物上表现出良好的增产和提高品质的作用，已经成为农民比较认可的生物肥料品种之一。

硅酸盐菌剂的生产主要是单一的胶质芽孢杆菌、复合（2种以上）的硅酸盐菌剂或在生物有机肥、生物有机（无机）肥的生产中添加的，或是有机物料腐熟剂中的成员之一，表现出多种工艺或多产品的重要成员。由于胶质芽孢杆菌是有芽孢的细菌，易于生产、保藏，但在菌种的组配上应该充分考虑组合者之间的特性、有无拮抗性、生长速度、吸附时的菌体状态和载体细度、成分，以充分发挥各组合体的作用。使用过程中不仅要明确施用对象、使用量、使用方式还要注意生态条件对菌株存活的影响，如果生态条件不适合，施入的活菌则难以定殖，甚至难以存活，应用效果就难以保证了。

除此之外，硅酸盐细菌的多用途开发利用，目前似乎还未提到议事日程上来。据一些研究指出，这类微生物还可用于冶金、陶瓷工业、处理活性污泥、净化水质等方面，尤其是胞外多糖，不仅产量高而且包括了酸性多糖、中性多糖，有人将其试用于饲料添加剂中获得一定的效果。综合利用可能是此类产品的一个重要发展方向。

（4）溶磷微生物菌剂

磷素是植物生长、发育的三大营养元素之一，具有重要的生理功能和生物化学功能，植物对磷素营养的吸收是根部土壤中可溶性的有机态磷和无机态磷。农业种植中对植物磷素营养的供应主要是通过向土壤中施入磷素化肥、有机肥的方式。施入土壤中的含磷化合物在一系列的化学反应下，其中的大部分转变为难溶性的磷化合物，以更多种形式存在。磷肥施用后其利用率仅为10%~25%，同时，由于磷肥的当季利用率很低，少量施用效果很差，加大施用量后表现出增产，但其中的大部分被土壤固定，连续长期施用甚至可造成对土壤的危害。另外还需要考虑的问题是我国磷矿资源的总量并不乐观，尤其是高品位的磷矿资源更是有限，不能无节制地开采。我国土壤缺磷面积大，一般认为2/3缺磷，土壤中同时又有较丰富的被固定的“磷库”，需要进一步做好土壤中“磷库”的生物转化，提高磷肥的利用率，做到可持续发展。

1903年由Staltrom首次发现并报道了溶磷微生物及其作用以来，已经超过了100年，虽然对溶磷微生物的种类认识、筛选、鉴定、机理以及包括分子生物学等方面进行了不少的研究，但总的来说，对土壤和植物的磷素代谢和循环的认识仍然不足，实际应用的瓶颈还未突破，仍需加强基础和应用基础的研究。

自然界的溶磷细菌种类非常多，现在尚未有较全面的报道。根据近年的研究，已报道的溶磷细菌涉及10多个属，几十个种。这些溶磷细菌有的还根据其作用底物被细分为溶有机磷细菌或溶无机磷细菌，有时也很难将它们分开，或者二者兼而有之。不同种类的溶磷细菌的生长条件、作用方式、分解能力是不完全一致的，需要进行更深入的研究，以决定取舍。

溶磷细菌分解难溶磷化合物的机理研究仍不够深刻。目前认为一种是这些微生物在生长繁殖过程中所产生的多种酸，尤其是各种有机酸（如乙酸、丁酸、乳酸、拧檬酸等），它们可以溶解一些难溶磷化合物，使植物根部能吸收利用。另外一种是微生物所产生的磷酸酶（如植酸酶），可以使难溶磷溶解。是否还有其他的溶磷机制，至今少有报道。近十多年，有关溶磷细菌的遗传背景分析和有关溶磷基因的克隆和表达也有一些研究，但距离应用仍有相当大的差距。

值得关注的是，溶磷细菌的种类虽多，在筛选和应用时，安全性是首要的考虑因素。有些细菌有溶磷功能（例如有很强的产有机酸能力），但其自身却是人类或动植物的病原菌，如铜绿假单胞菌（*P. aeruginosa*）曾被作为一种溶磷细菌生产“磷细菌肥”，由于该菌是可以引起人类伤口化脓的并且毒力较强的病原，导致使用者伤口化脓久不愈合，而遭到禁用；如洋葱伯克霍尔德菌（*B. cepacia*）是植物的一种病原菌，会使许多作物尤其是鳞茎作物腐烂，也是不能使用的；还有如蜡样芽孢杆菌（*B. cereus*），污染食物后，可引起食物中毒，虽然不同的菌株毒力不同，但许多菌株在安全鉴定时均表现出可以溶血的特性，能否使用值得注意。因此在筛选溶磷细菌时，不宜仅根据其在培养皿上是否有溶磷圈或溶磷圈直径大小来作为选择的主要依据。

目前关于溶磷微生物的研究不够深入，难以确定筛选的基本原则，企业除了需要考虑菌种自身的抗逆性能、繁殖速度以及对碳源、氮源的利用能力以外，还有溶磷细菌功能的保持和退化问题。曾有报道一些溶磷微生物在多次传代后，溶磷功能大幅度降低或丧失溶磷功能。其次是溶磷条件的研究，如碳源、氮源的最佳配比，磷源的供应多寡对其溶磷功能的影响。以前曾有对氧化硫硫杆菌溶磷的研究表明，当外源环境中硫源供应充分时，该菌的溶磷能力大为提高，否则大幅下降，就很值得注意。

溶磷菌的生产和应用虽然也有若干年的历史，但是有关的应用基础研究十分薄弱，许多与应用效果密切相关的问题没有引起必要的关注和研究。尽管土壤中磷素营养问题有许多研究和措施（如磷肥的施用、新型磷素化肥的研制、复合型肥料和缓释型肥料的研制），但对于75%以上的磷素被固定、土壤中磷素的活化及其活化中的主体——溶磷生物的研究还处在一个初始阶段，与可持续发展是不和谐的。目前溶磷细菌制剂的菌种筛选、工艺路线、产品和使用技术创新工作需要加强。

土壤中具有溶磷能力的真菌种类也有很多，报道的溶磷真菌主要有酵母、曲霉和青霉。许多报告表明，真菌溶磷的能力远远大于细菌。近年的研究指出，仅青霉属中即报道了12种以上，其中以拜莱青霉（*Penici Uiumbilaii*）居多，该菌在加拿大已经申请了专利。我国截至目前为止，登记的溶磷真菌制剂极少，但有一些研制。溶磷真菌的生产与溶磷细菌的生产有较大的差异，溶磷细菌通过工业扩大培养的方式容易获得大量的菌体，但工业扩大培养（液体发酵）对溶磷真菌而言易得到大量的菌丝体，如果要使其完成生长过程还需要一个由液体→固体的步骤，在此步骤中完成产孢，或者直接用固体发酵技术。因此，这可能是溶磷真菌制剂产品种类少的一个重要原因。

目前有一些复合制剂中有溶磷真菌作为其中的一个成员的产品，除了生产时注意满足真菌的生长条件外，也要注意它的碳源、氮源的种类，最佳作用底物的确定，菌剂入土后的生态条件对溶磷的影响以及与同类、异类生存和竞争的影响。随着一些研究的深入，真菌溶磷制剂的生产和品种会逐步扩大。

（5）光合细菌菌剂

光合细菌是一类能将光能转化成生物代谢活动能量的原核微生物，是地球上出现最早的光合生物，广泛分布于海洋、江河、湖泊、沼泽、池塘、活性污泥及水稻、小麦及水生植物根系和根际土壤中。人类对光合细菌的研究迄今已有近170年历史。现明确，光合细菌至少分为2大类群4个科19个属以上，农业上使用的多为红螺科中的一些属、种。

光合细菌的作用是多方面的，如以下几方面。

① 在自然界物质循环（碳循环、硫循环、氮循环）中有十分重要的作用。光合细菌中的蓝细菌是重要的固氮微生物之一，后来发现

其他的光合细菌（如球形红假单胞菌、沼泽红假单胞菌、荚膜红假单胞菌、万尼红微菌、泥生绿菌等）均可固氮，它们所固定的氮素可以通过特定反应合成氨基酸，并由此转变为菌体蛋白。蓝细菌则是唯一能在光合作用中放氧并固氮的微生物。

② 处理高浓度有机废水和生活污泥。

③ 光合细菌制剂应用于农作物不仅可以改善植物营养，而且能明显刺激土壤微生物的增殖，从而进一步改善土壤的生物肥力。

④ 光合细菌菌体蛋白营养价值极高，作为饲料添加剂饲喂畜禽类不仅产蛋率高，还提高存活率，减少畜禽粪便的恶臭，用作鱼虾的饵料也有明显的效果。

⑤ 其他方面。如利用光合细菌生产类胡萝卜素、食用色素，在能源开发中的应用等。光合细菌的生产目前在行业中仍以半开放式生产，过程中需要注意选用优良菌种、满足其生长、繁殖所需条件（如温度、适合的光照、pH 值、营养配比），逐级扩大时接种量要大，利于迅速繁殖，降低污染。产品有单一光合细菌的，也可选择复合菌种。

在使用时根据产品种类、剂型选择最好的使用技术，以达到最佳效果。

（6）促生菌剂

植物根圈促生细（真）菌是土壤里在植物根圈中存活的有促生作用的细菌和真菌类群。早在 20 世纪 30 年代人们就发现了这些微生物，70 年代以来的研究逐步增多，90 年代初第一届促生细菌国际研讨会在加拿大举行，迄今为止已经举行了 7 届，表明对这类微生物的研究和应用形成了热点。对资源的鉴定研究把具有促生作用的微生物由细菌扩展到真菌，现在有几个方面值得关注。

① 具有促生作用的微生物种类不断扩大。已经报道的细菌有数十种之多，真菌也有近 10 种，而且有扩大的趋势。

② 功能研究证实了它们不仅能分泌促生物质，而且能分泌抗生物质和产生铁载体，对宿主植物的病害有调控作用，还发现了一些类群对克服连作障碍有良好的效果，一些种群能够分解农田中的污染

物。应用范围从农业扩大到林业。

③ 分子生物学的研究正在蓬勃发展，已经发现和克隆了一些与促生相关的基因，分析了其功能。

④ 商业化、市场化步伐加快。目前生产的促生细（真）菌制剂的种类扩大较快，在生产中也有较好的效果。生产时应该考虑促生菌促生物质产生的条件，尽可能满足产生次生代谢产物的需求，同时注意在产品的质量环节、菌种组合的适用性、产品的专用化方面进一步做好工作，使此类产品在农业可持续发展中发挥更大的作用。

（7）有机物料腐熟菌剂

有机物料是泛指生产过程和生活过程中的副产品或废物。例如作物秸秆、生活垃圾、生活污泥、人类及畜禽粪便等。这些物料一方面是含有许多有用物质的资源，另一方面又是废弃物，其中含有有害物，如不加以无害化处理就会变成污染物，对环境造成很大的危害。从循环经济的角度，从可持续发展的战略出发，通过生物转化技术将其减量化、无害化和资源永续利用，是最重要的一个方面。有机物料腐熟剂就是一个很好的技术和手段。

以作物秸秆为例，据调查，我国秸秆产量可达年 6 亿 t，这些秸秆的利用，主要是还田、饲料、工业物料等几个方面，这些用途无一不需要相应的催化剂将物质进行转化处理。未经转化处理的秸秆原料无法充分释放其中的营养物质，反而会造成环境问题和安全隐患。因此有机物料腐熟剂是非常重要、不可或缺的添加物。

有机物料腐熟剂是根据不同的物料选择和组配具有分解、腐熟、转化功能的微生物加工而成的。其作用机理是在适宜的营养（尤其是适宜的碳氮比）、温度、湿度、通气量和 pH 值条件下，通过微生物的生长、繁殖产生温度并使有机物料分解，将碳、氮、磷、钾、硫等分解矿化或将有机物料由大分子变为小分子，或变成腐殖质的过程。在腐熟过程中即是物质的转化，又是物料升温和保温，将物料中的有害生物（病原微生物、寄生虫卵）杀死，由此实现了资源利用和无害化。

有机物料腐熟是多种微生物共同参与的过程，开始阶段是嗜中、低温的微生物种群，然后是耐高温微生物的种群繁衍，最后降到常温。虽然有许多研究对参与物料腐熟的微生物进行分离、鉴定，但是限于技术手段，还有很多我们现在还难以分离、培养、鉴定的微生物种群，所以，这种认识是不够的。目前出台的有机物料腐熟剂的标准（NY 609—2002）还是一个初步的标准，规定的技术指标也是最低的要求，还需在实施中继续研究，在实践中不断提高。

现已了解的具有分解、矿化和腐熟有机物料的微生物种类很多，涉及 20 多个属，近百种。其中尤以耐高温或嗜高温的一些种群值得注意和研究。

现代微生物技术的发展，尤其是用 16SrDNA 序列测定技术、序列比对分析技术、变性梯度电泳（DGGE）技术及 PCR 技术不仅可以使过去因分离、培养技术的限制无法获得纯培养的微生物种群得以观察和分析，还可以了解它们在系统发育中的位置，实现对复杂的微生物学过程的监控。这些技术必将对有机物料腐熟的群落组成、过程有深入的了解和认识。

有机物料腐熟剂对于循环经济和可持续发展的意义不言而喻，在今后的产业发展中会有广阔的前途。企业和技术依托部门在研发和生产时应该注意：①产品有效活菌的种类和含量的提高；②微生物种群的合理、科学配比；③针对不同的有机物料开发出专用的腐熟剂；④腐熟过程的标准化和合理的技术评价指标。以使腐熟剂的使用更简便、可行和高效。

（8）生物修复菌剂

土壤（水体）生物修复剂是面对不断增加的土壤（水体）污染问题而研制的产品。土壤（水体）的主要污染物是化学肥料和化学农药（包括除草剂、杀菌剂）、工业化学品污染（包括重金属污染）、石油化工污染、生活污水等。一些污染已由点源污染发展到面源污染，水体污染不仅仅是地面水，而且扩展到地下水。土壤（水体）的污染不仅破坏了人类赖以生存的环境，而且使土壤（水体）产品质量下降甚至带毒，给人类的生存和发展带来的危害不容忽视。环境治理是一项艰巨的综合工程，生物修复是这种治理的重要组成。据了解，1990 年美国的生物修复剂产值约为 6 000 万美元，1995 年达到 15 亿美元。我国的生物修复剂生产和应用处于起步阶段，研究少，亟待加强。

可以进行生物修复的微生物主要是细菌和真菌，还有一些放线菌。生物修复的主要机理是矿化作用，即进入土壤（水体）的污染物是一些可降解的，被微生物生长、繁殖所需要的碳源、氮源，微生物分泌的许多酶可将其由大分子分解为小分子，加以利用，这就是常说的共代谢作用。另外则是氧化偶合反应，是指芳香族化合物通过酶类使其发生氧化反应，然后偶联在一起，这些酶包括过氧化物酶、漆酶、酪氨酸酶等。当然，还有现在不十分了解的降解过程和参与降解的微生物类群。

目前，一些院校和科研单位筛选出对有机磷、有机氯、拟除虫菊酯类杀虫剂、磺酰脲类除草剂有降解功能的微生物，并有产品上市。针对淡水养殖的水体污染的修复剂也有产品。这些产品在土壤（水体）修复中收到了较好的效果。

此类产品的生产目的性要强，选育菌种时注意驯化、复壮工作，还有产品质量、应用技术、使用剂量以达到最佳应用效果。

2. 复合微生物肥料

(1) 复合微生物肥料的功能特点

复合微生物肥料是指目的微生物经工业化生产增殖后与营养物质复合而成的活菌制品。通常认为多个微生物的作用要比单一微生物作用要大，例如常见的豆科植物的根瘤菌制剂，许多企业的产品常由 2 个以上的菌株制成，这样可以适应豆科植物的不同基因型品种。这些菌株都是经过大量研究筛选出来的，并非随意组合。

当前虽然许多企业有复合微生物制剂产品，其组合中的微生物种类很多。但是我们首先需要考虑，什么样的组合是合理的、可行的，组合中的微生物至少是互不抑制的，如果有协同作用，甚至使用后有增效作用，这样更好。如果有的组合是不合理的，微生物之间互相拮抗，甚至互相抑制，那么这种组合是不可取的。其次是要考虑产品中的微生物种类究竟多少是恰当的，这需要进行深入的研究，要根据土壤类型、肥力、作物种类以及土壤微生物的区系和基本状况（即土壤肥力类型）来考虑。最后还必须考虑到企业自身的技术条件和能力，并非复合种类越多越好。有的产品声称有几十种微生物，实际检测并未出现声称加入的微生物种群。复合过多的微生物，反而出现争夺空间、争夺营养的问题。比如医学上的多联疫苗一般也就含有2~3种微生物，免疫后可以预防2~3种传染病，再多效力就可疑了。生产企业切忌脱离当前的技术能力来设计产品类型。

复合微生物制剂的生产要选好的生产菌种，确定恰当的生产工艺。多菌株的产品主要是分菌株生产，然后混合，也有企业采用混合菌种，混合发酵的方式。需要注意的是这些混合菌种的微生物对于碳源营养、氮源营养、通气、搅拌等发酵条件是否一致或互补，要认真的研究，仅就世代时间的不一致，很可能使世代时间短的菌种在产品中占据优势，甚至在发酵结束时，世代时间长的或对发酵条件相对要求高的菌种难觅踪影。因此，复合微生物制剂的产品生产、应用和开发，还有许多路要走，建议有研发条件和实力的企业将此作为一项课题去做。

复合微生物肥料的产品特点是将无机营养元素、有机质、微生物通过工艺技术有机结合于一体，已在农业生产中表现出节本增效等多重功效。具体体现为提高化肥利用率、降低化肥使用量和减少化肥过量使用导致环境污染，并能提高农作物品质和产量，可以均衡实现肥料的长效与速效供应能力，达到“化肥速效、有机肥长效、微生物肥促效”的综合效果。该产品目前执行的农业行业标准是《复合微生物肥料》（NY/T 798—2015），与旧版（2004年）的标准相比，新版（2015年）修改了产品中的总养分质量分数、pH范围等要求，增加了有机质、总养分中各单养分的限量等指标要求。标准的修订与实施，将进一步引导和推动此类产品的发展，提高养分利用效率，提升农产品质量安全，带动微生物肥料行业的整体健康、快速发展。

复合微生物肥料集微生物、有机养分和无机养分于一体，不仅克服了传统微生物肥料养分低、见效慢等问题，而且符合农业绿色发展的需求，能达到减少化肥用量、增产提质等目的。我国是农业大国，农业资源种类丰富，肥料在我国粮食生产中具有极其重要的作用，为了提高粮食产量，减少化学肥料的使用量，单一的微生态肥料不足以提供足够的作用，因此加大新型复合微生物肥料的研究和应用有十分重要的意义。复合微生物肥料将在化肥减量施用和国家“化肥零增长行动”或“化肥负增长行动”中具有重要地位，未来应用前景广阔。

(2) 复合微生物肥料的作用

① 改善土壤理化性质，提高土壤肥力。复合微生物肥料中富含大量的有益微生物菌，一方面有效分解动植物残体，形成土壤腐殖质，提高土壤肥力；另一方面，有益微生物进入土壤后，会产生大量的次生代谢产物、胞外多糖等有机生长物质，这些产物能够加速土壤中有机物质及难溶性磷、钾等矿物质的分解，促进土壤团粒结构的形成，使土壤变得疏松，保水保肥性能增强，从而改良土壤。国外长期定位试验结果表明，无机肥和有机肥的配合施用可有效改善土壤理化性质

② 提高肥料利用率。微生物菌群活动产生的大量有机酸可以把沉积在土壤中的部分磷钾元素溶解释放出来供作物再次吸收利用，从而提高肥料利用率。应用试验表明：用侧孢芽孢杆菌产出的复合微生物肥料连续施用两年以上，土壤中的有益放线菌数量增加了 8.4 倍，固氮菌增加高达 39 倍，肥料利用率可以提高 10%~30%。

③ 抑制病虫害，增强抗逆性。微生物菌株进入土壤后，在适宜的条件下大量繁殖，形成优势菌群，使病原微生物难以规模化繁殖。同时复合菌群可诱导植物体内的葡聚糖酶、过氧化物酶、多酚氧化酶等参与对有害菌群的防御反应。

④ 促进作物生长，提高产品产量。复合微生物肥料施入土壤后，有益微生物菌在土壤中快速繁殖，能产生多种对作物生长有益的物质。这些代谢产物可促进作物生长，使作物健壮，从而达到增产目的。

3. 生物有机肥

生物有机肥是指目的微生物经工业化生产增殖后与主要以动植物

残体（如畜禽粪便、农作物秸秆等）为来源并经无害化处理的有机物料复合而成的活菌制品。

生物有机肥的特点是既有传统有机肥的功能，还含有大量的有益生物菌剂，它既有传统有机肥的特征，又有生物肥的特点。它克服了有机肥的缺点，又补充了生物肥单独使用时营养不够的缺陷。同时使用有机肥和生物肥是一项互补的农艺措施。在肥料生产中将速效养分（化肥）与有机质及特定的活微生物组配一起，不是容易的事情。无机养分是多种盐类，它们与活微生物混合后，高渗透压可使微生物细胞中的水分被析出，造成微生物死亡。虽然可以通过筛选使用一些产芽孢的细菌，但仍存在许多实际困难。其次要保证产品中有机质的种类和含量，复配过程中使三者的含量合理有据也是要做研究工作的。后来一些企业采取了方便面式的包装，即有机、无机为“方便面”，用大包装，生物制剂是“调料”，用小包装将二者隔开，去除渗透压对生物的影响。使用时，再将二者混合。虽然不是治本的方法，但现阶段不失为一种可以解决困难的方法。可是受到一些标准的限制，从解决问题的角度出发，应该给此类产品在包装上一个好的出路。目前，有企业采用无机组分与有机组分、生物组分分开造粒并覆膜的工艺，较好地解决了相互影响的问题，而且体现了“聪明肥料”“傻瓜用法”的思路。据了解，在速效养分的配比上已经可以达到生产上的要求。这种新工艺初步实现了不同肥料品种相辅相成，可以减少化肥用量，值得提倡，应该在标准、检测方法上给予配套。一个新产品的出现应分析它是否有优势，不完善之处在哪里，怎么改进和完善，不应该不问青红皂白先“围剿”。

传统有机肥与生物有机肥相比，原料多为农家搜集的土杂肥、畜禽粪便、河泥等经自然堆沤一段时间后施用于农田。传统有机肥不用菌种，自然发酵，发酵微生物就是自然环境中的各种微生物，特别是在病害多的地区，环境中的病原微生物也跟着繁殖，对农作物甚至人的健康都会造成一定影响。传统有机肥为了提高腐熟度，延长腐熟时间，由于有机质进入厌氧发酵，产生大量臭气，影响了生活环境和劳动者的工作条件，臭气挥发又会损失有机肥的肥力。如果缩短发酵时间，又担心腐熟度不够，会增加病虫草害，影响植物的营养吸收，甚至时有烧根、烧苗现象发生。大量使用传统农家肥的农民朋友有个经验，就是传统有机肥使用越多，病虫草害越多，农药、除草剂使用越多，从而增加了成本。而农产品由于农药残留多，达不到有机农产品标准而卖不上价钱。

而生物有机肥都可以解决这些传统有机肥的缺陷，是比传统农家肥更好的肥料。生物有机肥的优势是在一定的封闭环境中，应用非病原的有益微生物进行好氧发酵。发酵过程达到60℃以上，杀死了病原微生物、杂草种子、害虫的虫卵，从而腐熟的有机肥，没有任何影响农业生产的消极因素存在。有的企业为提高生物菌肥的针对性，还向腐熟的有机肥中再添加纯净的、有针对性的有益微生物，或是经二次发酵增加有益微生物的含量，提高微生物菌剂的增效作用。连续几季使用生物有机肥之后，田间病虫草害会显著减少，农药施用也相对减少。生物有机肥由于没有臭气，又没有病虫草害等优点，越来越受到农民的欢迎。

生物有机肥相对于单纯的生物肥或以无机质为载体的生物菌剂效果更好。无机质为载体的生物菌剂由于缺乏有机营养物质，其中的菌剂只会随着时间的延长以及无机载体渗透压的改变，活菌含量下降。作为载体的有机肥的存在，会对生物菌剂产生倍增效应。生物有机肥料正是利用其含有丰富的营养元素和多种功能类别微生物的特点，起到改良土壤，增加土壤有机质，改善长期施用化肥造成的土壤板结，增加土壤孔隙度，促进土壤吸收的作用，从而增强作物对养分的吸收能力，提高肥料利用率。同时，有机废弃物经处理后生产而成的生物有机肥料中含有的有益微生物与土壤中存在的微生物形成共生关系，一方面可以抑制有害菌的生长，另一方面，含有多种功能性的有益微生物产生的大量代谢产物，可以促进有机物分解，为作物生长提供多种营养。

（二）依据微生物种类的数量分类

按照微生物种类的数量划分，可以分为两类，分别是只含一种微生物的肥料即单一菌种肥料，以及含多种微生物的复合肥料。微生物肥料的研究是从单一菌种起步的，单一菌种肥料的功能自然也比较单一，但是针对性很强，可以高效的解决作物或土壤缺乏氮、磷、钾等某一种养分的问题，比如根瘤菌肥料、固氮菌肥料等。复合肥料因含有多种微生物，其效果是全面的，也是目前农业生产中使用较为广泛的类型。复合肥料功能性更强，营养价值更高，更有利于养分平衡以及提高肥料利用率。复合肥料在增强营养元素效能的同时，还能较好地解决土壤板结、土传病害、化肥农药过度使用等问题，从而达到改良土壤结构、提高肥料效力、增强作物坑性、实现增产增收等综合效果。

（三）依据制成品的外观性状分类

微生物肥料按照外观性状可以分为液体和固体两种形态。液态肥是以液体作为基质的发酵液，可以用于拌种或者叶面喷施。固态肥是在以草炭作为载体的基础上，制成粉状或颗粒状，近年来也有以蛭石作为基础载体的类型，也有由发酵液浓缩后经过冻干作用而形成的冻干剂型。液态肥和固态肥均可以用于各类蔬菜、果树的生产，可通过沟施、撒施、浸种、蘸根、灌根、拌土、拌种等多种方式，以种肥、基肥、追肥等进行施用。

第二节　生产工艺

微生物肥料的生产过程大致是菌种的选择—发酵—后处理—成品包装—质量检验—储存和运输—施用。目前对有机物料进行接种，不同的菌种有不同的工艺路线和特点。不同有机物料的成分含量也不同，针对不同的有机物料选择与之相对应的菌种组合并选用恰当的设备，设计合理的生产工艺，以达到最佳发酵效果，这直接关系到微生物肥料产品的品质，同时影响物料的发酵速度、除臭效果、环境控制，以及肥料的成品的外观、施用效果、市场销售环节等。

一、设备材料

不同种类的微生物肥料生产和不同产品剂型对设备和工艺要求存在差异，生产微生物肥料过程中，关键是功能菌的发酵增殖扩繁环节，并以此来区分微生物肥料的生产方式，常采用的有液体发酵、固体发酵和液固两相发酵共 3 种生产方式，与之相应的设备配备要求也不同。

（一）液体发酵

液体发酵是指在生化反应器中，将菌株在生育过程中所必需的糖类、有机和无机含氮化合物、无机盐等一些微量元素以及其他营养物质溶解在水中作为培养基，灭菌后接入菌种，通入无菌空气并加以搅拌，提供适宜菌体呼吸代谢所需要的氧气，并模仿自然界控制适宜的外界条件，进行菌种大量培养繁殖的过程。

该方式适用于细菌类和酵母菌类等单细胞微生物的扩繁，一般需要三级发酵，即种子罐发酵（一级）、放大罐发酵（二级）和生产罐发酵（三级）。这种发酵工艺，生产效率高，自动化程度高，质量可控，但是生产条件要求严格，投资较大、主要设备包括：发酵罐、空气过滤设备、热动力设备等。如果减小生产规模，也可采用一级发酵或者二级发酵。

生产液体剂型的微生物肥料产品，一般需要在发酵罐出来的发酵液（经检验菌含量合格，杂菌率在标准要求控制值下）中，添加保护剂或其他可与微生物共存的物质，在洁净条件下分装。如果是生产粉剂微生物肥料产品，在发酵液中加入适宜的经灭菌吸附剂载体，用混拌设备均匀混合后分装。如果是颗粒剂型产品，需要在不破坏微生物菌体的条件下（尤其是温度），通过圆盘等设备造粒。

（二）固体发酵

固体发酵是指没有或几乎没有自由水存在时，在有一定湿度的水不溶性固态基质中，利用一种或多种菌种发酵的生物反应过程。

真菌和多数的放线菌适合采用固体发酵方式扩繁，其特点是设备较简单，投资较小，产品的保质期较长，但生产周期较长，生产效率低，自动化程度较低。固体发酵可在发酵床，或是发酵房、发酵桶中进行，其主要条件是能调控温度（加热装置）和调节通气。目前也有专用的固体发酵罐，为方便发酵料的进出，一般为卧式发酵罐。固体发酵后经过粉碎和低温干燥后装袋，成为粉剂制品，或造粒成颗粒剂型产品。发酵原料的灭菌需要大量的劳动力是限制其大规模发展的原因。

（三）液固两相发酵

液固两相发酵生产方式是先进行液体发酵再将其接种到固体基质中发酵，是将液体发酵和固体发酵进行了集成。液体发酵的目的是为后续的固体发酵提供扩繁菌种，因此液体发酵一般只采用一级发酵，其设备要参见第一种方式。固体发酵条件和要求同上述第二种方式。多数的真菌和多数的放线菌产品采用这种方式。要求生产者同时掌握液体发酵和固体发酵技术。但是这种发酵工艺适用于生产粉剂和颗粒剂产品，不适合生产液体剂产品，其生产的优缺点介于液体发酵和固体发酵之间。

二、工艺流程

（一）微生物接种剂

1. 发酵环节

（1）液体发酵

首先利用种子培养基斜面接种，进行一级、二级摇瓶培养，然后进行一级、二级种子培养，再接种到发酵培养基进行菌种发酵，制成发酵液。其工艺流程见图 4-1。

（2）固体发酵

固体发酵工艺流程中菌种的制备与液体发酵工艺相同，区别是将它接种到固态培养基而不是液态培养基。其工艺流程见图 4-2。

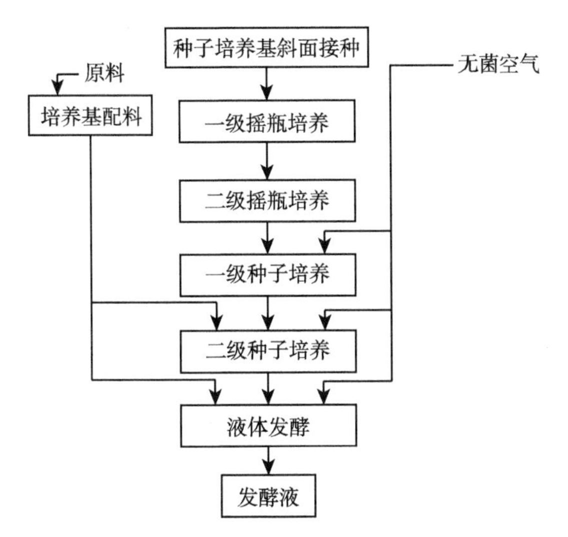

图 4-1　发酵液生产工艺流程

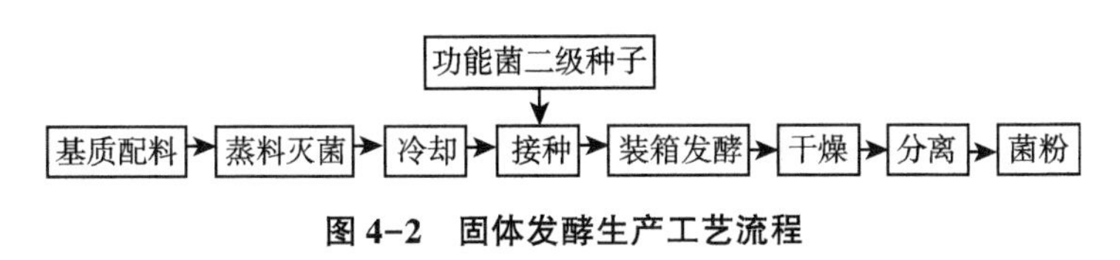

图 4-2　固体发酵生产工艺流程

(3) 技术规程

① 菌种。

1) 原种。原种是生产用菌种的母种。原种要求有菌种鉴定报告、菌种的企业编号、来源等信息。

2) 菌种保存和管理。采用适宜方式保存菌种，确保无杂菌污染且菌种不退化。应选用一种以上适宜的方法保藏，常见菌种类型及相应保藏方式见表 4-1。应分类存放，定期检查，并建立菌种档案。

表 4-1　菌种的常用保藏方式

保藏方式	一般存放条件	适合的微生物菌种类型	一般保存期限
冻干管保藏	冰箱或室温	各类菌种	5 年以上
沙土管保藏	干燥条件	芽孢杆菌、真菌、放线菌	2 年以上

（续表）

保藏方式	一般存放条件	适合的微生物菌种类型	一般保存期限
石蜡油保藏	4℃冰箱	各类菌种	1 年以上
甘油管保藏	-18℃冰箱或更低温度	主要是细菌	1 年以上
常规保藏	4℃左右冰箱	各类菌种	2~12 个月

3）菌种质量控制。在生产之前，应对所用菌种进行检查，确认其纯度和生产性能没有发生退化。出现污染或退化的菌种不能作为生产用菌种，需要进行提纯和复壮。

4）菌种的纯化。菌种不纯时，应进行纯化。可采用平板划线分离法或稀释分离法得到纯菌种。必要时可采用显微操作单细胞分离器进行菌种分离纯化。对纯化的菌种应进行生产性能的检查。

5）菌种的复壮。如果菌种出现以下某种现象，应进行菌种复壮：菌体形态及菌落形态发生变化；代谢活性降低，发酵周期改变；重要功能性物质的产生能力下降；其他重要特性的退化或丧失。复壮方法是回接到原宿主或原分离环境传代培养，重新分离该菌种。

②发酵增殖

1）种子扩培。原菌种应连续转接活化至生长旺盛后方可应用。其中，种子扩培过程包括试管斜面培养、摇瓶（或固体种子培养瓶）培养、种子罐发酵（或种子固体发酵）培养 3 个阶段，操作过程要保证菌种不被污染并生长旺盛。

2）培养基。培养基中的重要原料应满足一定的质量要求，包括成分、含量、有效期以及产地等。对新使用的发酵原料须经摇瓶试验或小型发酵罐试验后方可用于发酵生产。

种子培养基：种子培养基要保证菌种生长延滞期短，生长旺盛。原料应使用易被菌体吸收利用的碳源、氮源，且氮源比例较高，营养丰富、完全，有较强的 pH 缓冲能力。最后一级种子培养基主要成分应接近发酵培养基。

发酵培养基：发酵培养基要求接种后菌体生长旺盛，在保证一定菌体（或芽孢、孢子）密度的前提下兼顾有效代谢产物。原料应选用来源充足、价格便宜且易于利用的营养物质，一般氮源比例较种子培养基低。一般采用对发酵培养基补料的方法改善培养基的营养构成，以达到高产。

3）灭菌

常用的灭菌方法及适用对象见表4-2。

表4-2　常用灭菌方法及适用对象

灭菌方式	操作要求	一般应用对象
高压蒸汽灭菌	115~130℃，20~60min	培养基，耐热器皿、废弃物
干热灭菌	160~170℃，1.5~2h	耐热器皿、耐热物料
紫外线灭菌	距离紫外灯管（15W）≤1.2m，0.5h以上	洁净间、洁净台
化学药剂灭菌	浓度和用盐根据情况而定	洁净间、设备及器材
辐射灭菌	辐射强度、时间根据情况而定	不适宜于热灭菌的物料
膜过滤除菌	过滤器的膜孔径≤0.2μm	空气及不宜于热灭菌的试剂

2. 后处理环节

后处理过程可分为发酵物同载体（或物料）混合吸附和发酵物直接分装两种类型。

（1）发酵物同载体（或物料）混合吸附

对载体及物料的要求如下：

①载体的杂菌率≤10.0%；

②细度、有毒有害物质（Hg、Pb、Cd、Cr、As）含量、pH、粪大肠菌群数蛔虫卵死亡率值达到产品质量标准要求；

③有利于菌体或芽胞的存活。

发酵培养物与吸附载体需混均，添加保护剂或采取适当措施，减少菌体的死亡率。吸附和混合环节应油源无菌控制，避免杂菌污染。

（2）发酵物直接分装

对于发酵物直接分装的产品剂型，可根据产品要求进行包装。

3. 产品处理与管理环节

（1）建立生产档案

每批产品的生产、检验结果应在档记录，包括检验项目、检验结果等。

（2）产品质量追踪

定期检查产品质量，并对产品建以应用档案，跟踪产品的应用情况。

（二）生物有机肥

生物有机肥的生产一般是对工厂化经腐熟菌剂发酵生产出的有机肥中，添加田间具有某些特定功能的微生物，如固定氮素、溶解磷化物、溶钾保钾、提高中微量元素利用率、预防某些病害、提高作物品质等的微生物。

有一些企业采用在有机肥腐熟发酵的过程中，同时接种某种在田间发挥作用的微生物，与有机肥腐熟过程一起发酵。

也有一些企业，为了提高微生物菌剂的菌含量和与有机肥的相容性，在上述已生产出的有机肥基础上再添加一定的营养，接种具有某种特定功能的微生物菌种并进行二次发酵，提高生物有机肥的品质，强化该菌种在使用中的特定功能和环境适应能力。

生产企业在生产时，对于需要添加进入有机肥的菌种的选择，可以选择自己发酵菌种，也可以选择自己购买菌种。通常选用的有枯草芽孢杆菌、巨大芽孢杆菌、冷冻胶样芽孢杆菌、解淀粉芽孢杆菌、地衣芽孢杆菌、抗逆芽孢杆菌等。

（三）复合微生物肥料

复合微生物肥料的功能菌添加工艺与生物有机肥相类似，二者的区别是：复合微生物肥料强调无机养分的含量，所用基质原料以无机肥料为主，而生物有机肥强调有机质的含量所用基质原料以有机物料为主。在混合复配过程中，矿质化肥的粉碎和造粒比有机物料难度要大，一般加入有机物料载体以便于造粒。

复合微生物肥料液态产品和粉剂产品的复配工艺非常简单。与生物有机肥相比，复合微生物肥料虽然强调养分含量，但养分含量较低，必须用大量的有机物料作基质，因而所用原材料与生物有机肥相似，其造粒工艺仍可用圆盘造粒和挤压造粒工艺。另外，为避免养分对有效菌活性的影响，可采取微生物菌剂与有机物料混合造粒、化肥单独造粒，再按比例混配；如是颗粒化肥，也可按比例与颗粒微生物菌剂直接混配。

1. 产品形态

（1）液态产品

根据肥料配方，选用适宜的水溶性化肥，按一定养分配比配成水溶液，当 pH 值偏高或偏低时，用酸碱调 pH 值，然后加入一定剂量的液态功能微生物菌剂复配，经定量分装，即可制成产品。注意养分浓度不宜过高，否则容易导致功能菌失活。例如，试验结果表明，当总养分浓度超过 8%时，可导致巨大芽孢杆菌和胶冻样芽孢杆菌大量失活，有效活菌数降低 30%以上。

（2）粉剂产品

粉剂产品的复配工艺比较简单，因养分含量有限（>6%且不宜过高），根据肥料配方，需添加一些腐熟的有机物料作基质。因此，先将所用化学肥料与有机物料粉碎混合，然后再按一定配比与粉剂的功能微生物菌剂复配、分装，即可制成产品。

（3）颗粒剂产品

颗粒剂产品复配工艺与生物有机肥类似，只是所用原料有所区别。复合微生物肥料需以化肥为主原料，用有机物料作基质，添加功能菌剂，经造粒工艺制成产品。按其功能菌添加时间，同样有 3 种工艺：造粒前复配、造粒过程中复配和造粒后复配。

① 造粒前复配。按照肥料配方，先将化学肥料与有机物料粉碎，再按一定配比与粉剂型的功能微生物菌剂复配，再经造粒、烘干、冷却、筛分、包装，即可制成产品。

② 造粒过程中复配。按照肥料配方，先将化学肥料与有机物料粉碎、混合，在造粒过程中添加菌剂复配，再经烘干、冷却、筛分、包装，即可制成产品。

③ 造粒后复配。按照肥料配方，先将化学肥料与有机物料粉碎、混合、造粒后，喷涂液态菌剂复配，再经烘干、冷却、筛分、包装，即可制成产品。

2. 菌剂添加方式

对液体剂和粉剂来说，一般生产工艺不经历高温过程。无论是将菌剂添加到养分配方溶液，还是与同体配料混配，对功能微生物活性的影响不大。然而，颗粒剂型的生产须经历与生物有机肥生产类似的高温造粒过程，其菌剂添加方式主要有 3 种：一是造粒前添加；二是造粒过程中添加；三是造粒后喷涂。前两种添加方式与后一种方式相比，受造粒过程中高温干燥的影响，功能菌的死亡率较高，一般存活率不到 70%，有的甚至不到 40%。一般造粒后喷涂，功能菌的存活率达 95%以上，值得在肥料生产中推广应用。

3. 菌剂制备

复合微生物肥料所用功能菌剂，通常选用优质联合固氮菌、溶磷菌、解钾菌、巨大芽孢杆菌、胶质芽孢杆菌、枯草芽孢杆菌等菌株作为原始菌种，通过发酵繁殖成芽孢，即休眠期。芽孢菌种可生存在水分含量 5%左右的无养分环境，经特殊工艺高温干燥，具有不易繁殖、保质期长、易储存、便于运输等特性。因芽孢含水量低，蛋白质受热不易变性，多层厚而致密的细胞膜（特别是芽孢壳）无通透性，能有效阻止无机盐类的渗入，具有保护作用。芽孢的特性可使其在生产过程中免受无机成分的影响。

（1）斜面菌种制备

采用选择性培养基接入菌种，置于 28℃恒温箱培养 72h，然后置于冰箱内保存备用。

（2）克氏瓶菌种制备

取 500mL 克氏瓶装入选择性培养基，灭菌后接入斜面菌种，置于 28℃恒温箱内培养 72h，待做菌悬液。

（3）菌种悬浮液制备

将长好的克氏瓶菌种在无菌条件下加入 250mL 无菌水，制成悬浮液后倒入无菌减压瓶内，即为菌种悬浮液。

(4) 一级种子液制备

将减压瓶中的悬浮液接入灭菌的一级种子液中，在28℃下发酵20h。

(5) 发酵液制备

种子液培养好后，无菌操作转入发酵罐中，在28℃下培养72h，当有效活菌数量达到生产要求时，即为发酵液（液态菌剂）。

在菌剂制备过程中，培养基原料、配方的选择，以及发酵温度、湿度、压强、通气等发酵条件的调控，需要根据菌种特性反复试验，不断地探索。

4. 物料混合

复合微生物肥料生产主要采用腐殖酸、液氨、工业硫酸、尿素、磷酸一铵、氯化铵、氯化钾等作原料。载体原料选用草炭、泥炭或风化煤、褐煤等腐殖酸类有机物料，具有有机质含量高、价格低廉、资源丰富的特点，实践证明该类物料是复合微生物肥料生产的理想载体原料。虽然以草炭或褐煤、风化煤类腐殖酸作为有机肥原料十分理想，但其有机质不经活化处理是不能被植物吸收的。为此，可采用酸析—氨化有机质活化处理技术，即采用硫酸、液氨经酸析和氨化两步处理后使草炭或褐煤、风化煤转化为高活性有机物质。

本工序由粉碎机、搅拌机、刮板机、储料仓等设备组成。首先将化肥、腐熟有机物料、草炭、膨润土、黏土等配料分别经粉碎机粉碎至30~50目细粉，然后将其和粉剂菌剂按配方比例加入搅拌机中搅拌，搅拌均匀后通过刮板输送机送至造粒机内。

5. 造粒

造粒是复合微生物肥料颗粒剂生产的关键工序。由造粒机、菌剂罐、皮带机和除尘系统组成。造粒机是本工序的主要设备，其生产率、成粒率、颗粒强度及粒形均直接影响最终产品的质量。通常采用圆盘造粒机，为串联式二次造粒，可显著提高颗粒强度和生产率。圆盘造粒机主要由造粒圆盘、菌剂喷淋系统、传动装置及支架等组成。

粉状物料由刮板输送机送至造粒机内的造粒圆盘中，倾斜50°的旋转圆盘带动物料转动，当物料被带到一定高度时，由于自身重力及惯性沿弧形轨迹下滑，形成造粒所需滚动，与此同时，喷淋系统注入液态菌剂，均匀地喷洒在滚动的物料上，使之团聚成粒。随着原料不断的加入，已形成的颗粒在离心作用下越过盘沿落入第二个造粒盘中，进一步提高颗粒强度，完善粒形，提高光滑度。

造粒工序要求原料粒度 30~50 目，含水量 12%；菌剂喷淋压强 196~245kPa，成形率 85%，湿粒直径 1.0~5.5mm，湿粒含水量 <15%。

6. 烘干、冷却

烘干、冷却工序是复合微生物肥料生产的重要环节。本工序由滚筒烘干机、滚筒冷却机、燃煤热风炉、离心除尘器、风机、提升机等组成。一般采用顺流烘干、逆流冷却的干燥工艺。造粒后经皮带输送的湿粒通过烘干机前部的中间仓进入倾斜的烘干筒内。与此同时，热风炉以顺流方式将热空气送入烘干筒内，在旋转筒体内抄板的带动下，物料被抄起，形成较密集、分散均匀的料幕，从而增加物料与热空气的接触，不仅加大传热系数，而且可避免热气流短路。

如果物料较湿，首先与顺流高温热空气接触，进入等速干燥阶段，干燥速度为恒定值。在此阶段，因物料内部水分扩散速度等于其表面水分汽化速度，物料表面始终存在自由水，即热空气传给物料的热量等于水分汽化所需的热量，物料表面温度始终保持为空气的湿颗粒温度，而空气温度不断降低，湿度不断加大。经过一段时间后进入降速干燥阶段，物料内水分扩散速度小于其表面水分汽化速度，引起物料表面水分不足，干燥速度降低。此时热空气传给物料的热量大于物料水分汽化的热量，物料温度不断升高，空气温度进一步降低，湿度加大。在出料口完成热交换的含湿尘的尾气，由风机引入离心式除尘器，除尘后排出室外。物料排出便完成干燥作业，进入下一道工序。

复合微生物肥料属热敏性物料。烘干时抗热能力很弱，高温下微生物死亡率较高。试验表明，在液态菌剂浓度>50 亿个/mL、热风温度 85~90℃条件下，一般烘干后物料的有效活菌数>1 亿个/g、含水量<20%，可达到产品技术指标要求。当产品含水量较高时，不能采

取提高热风温度的方法，而只能采取开大热风门、加大热风量的方法，来加快降低水分含量的速度。

从烘干机出来的物料温度较高，不能直接分级包装，必须经过冷却。冷却不仅可降低物料温度，还可以进一步降低水分，提高颗粒强度和改善外观。一般采用与烘干机作用相同的滚筒式冷却机。

7. 筛分与分装

圆盘造粒机所制造的颗粒并不是很均匀，再经过烘干、冷却、输送、提升等工序后，会产生一些破碎颗粒。为提高最终产品颗粒一致性，须对产品进行分级、包装。筛分包装工序由滚筒分级筛、大小包装机、皮带机、提升机、成品仓、除尘系统等组成，经筛分后，可分为细末（含直径<2.0mm 的小颗粒）、小颗粒（直径 2.03.0mm）、大颗粒（直径 3.0~5.0mm）、大疙瘩（直径>5.0mm）4 级，其中，细末和大疙瘩返回破碎工序，粉碎后重新造粒，小颗粒和大颗粒分别包装成产品。

8. 产品后处理

复合微生物肥料产品的包装、标识、运输、储存、档案记录和质量跟踪等后处理与农用微生物菌剂基本相同，但在产品说明书中应标明总养分含量。

三、质量控制

农业农村部高度重视微生物肥料质量控制，已出台的通用标准包括《微生物肥料术语》（NY/T 1113—2006）、《农用微生物产品标识要求》（NY 885—2004）等；菌种安全标准包括《微生物肥料生物安全通用技术准则》（NY 1109—2006）；产品标准包括《农用微生物菌剂》（GB 20287—2006）、《复合微生物肥料》（NY/T 798—2004）、《生物有机肥》（NY/T 884—2012）；技术规程包括《农用微生物菌剂生产技术规程》（NY/T 883—2004）、《微生物肥料田间试验技术规程及肥效评价指南》（NY/T 1536—2007）、《微生物肥料菌种鉴定技术规范》（NY/T 1736—2009）、《微生物肥料生产菌株质量评价通用技术要求》（NY/T 1847—2010）。这些标准的制定，为微生物肥料推广和管理提供了技术支撑。我国现行的关于微生物肥料的国家标准或行业标准见表 4-3。

表 4-3 我国现行的关于微生物肥料的国家标准或行业标准

类别	标准名称	标准号
规范类	微生物肥料	NY/T 227—1994
	农用微生物产品标识要求	NY 885—2004
	微生物肥料术语	NY/T 1113—2006
	农用微生物菌剂	GB 20287—2006
	复合微生物肥料	NY/T 798—2004
	生物有机肥	NY/T 884—2012
	农用微生物浓缩制剂	NY/T 3083—2017
	有机物料腐熟剂	NY 609—2002
技术规程类	农用微生物菌剂生产技术规程	NY/T 883—2004
	微生物肥料生物安全通用技术准则	NY 1109—2006
	微生物肥料实验用培养基技术条件	NY/T 1114—2006
	肥料合理使用准则微生物肥料	NY/T 1535—2007
	微生物肥料田间试验技术规程及肥效评价指南	NY/T 1536—2007
	根瘤菌生产菌株质量评价技术规范	NY/T 1735—2009
	微生物肥料菌种鉴定技术规范	NY/T 1736—2009
	微生物肥料生产菌株质量评价通用技术要求	NY/T 1847—2010
	微生物肥料生产菌株的鉴别聚合酶链反应(PCR)法	NY/T 2066—2011
	微生物肥料产品检验规程	NY/T 2321—2013
	农用微生物菌剂中芽胞杆菌的测定	NY/T 3264—2018
	微生物肥料菌种保藏技术规范	NY/T 3833—2021
	农用微生物菌剂功能评价技术规程	GB/T 41727—2022
	微生物肥料质量安全评价通用准则	GB/T 41728—2022
	复合型微生物肥料生产质量控制技术规程	GB/T 41729—2022

第三节　发展现状和前景展望

一、发展现状

（一）国外微生物肥料发展概况

19 世纪后期，在微生物学领域以法国学者巴斯德为首的科学家们获得一系列成果，促进了农业领域微生物研究的发展与应用，并由此产生了具有固氮、溶磷、解钾等效果的微生物肥料。目前世界上有 70 多个国家在研究、生产和使用微生物肥料，如美国、法国、印度及非洲的一些国家，其品种主要是根瘤菌制剂和生物修复制剂，尤其是根瘤菌制剂发展最为迅猛，不仅接种面积不断扩大，而且应用的豆科植物种类繁多。许多国家也在其他种类的微生物的研究和应用方面有所成果，比如苏联及东欧一些国家的科学家们对圆褐固氮菌和巨大芽孢杆菌进行研究，发现这些细菌能分泌生长物质和一种抗真菌的抗生素，能促进植物种子发芽和根的生长。据调查，发达国家微生物肥料的施用量已占总施用量的 40%以上，并且呈现每年增加 10%～20%的上升趋势。

（二）我国微生物肥料发展概况

我国微生物肥料的研究应用也是从对豆科植物进行根瘤菌剂接种开始的。近年来，我国微生物肥料的研究发展很快，已研发出多种复合微生物肥料，目前在农业农村部登记注册备案的企业在全国范围内有 500 家，年产量超过 1 000 万 t，通过农业农村部临时登记证的产品已近 400 个，其中转为正式登记的产品有 9 078 多个，其中微生物菌剂类产品 4 230 个、生物有机肥 2 407 个、复合微生物肥料 1 548 个。

1. 微生物肥料对作物农艺性状的影响

在作物的生长发育过程中，土壤中的营养元素以及酶活性都是影响作物农艺性状的重要因素。作物一般都是通过根系从土壤中吸收营养元素，而微生物随着微生物肥料施入土壤中后，在土壤里不断繁殖，产生大量刺激作物根系生长的物质，使根系可以延伸到土壤的更深层，加速养分吸收，从而促进作物各个器官的生长发育。徐迅燕等研究表明，施用微生物肥料对青菜生长的促进作用十分显著，显著提高了青菜的茎叶重、株高、茎粗、绿叶数等指标，但将微生物肥料灭活后再喷施，则对青菜农艺性状影响不大，说明微生物肥料中的活性有益微生物和微生物代谢产物显著影响作物农艺性状。赵从波等研究表明，施用微生物肥料后，其小豆株高、单株荚数和产量与对照处理相比都得到了显著提高，并且随着肥料施用量的增加，对小豆的促进效果也更加显著，说明施用微生物肥料可以显著改善红小豆的营养生长与生殖生长。

2. 微生物肥料对作物产量和品质的影响

微生物肥料对作物的产量和品质的影响是十分显著的。曹雯梅等研究表明，施用微生物肥料处理与施用化肥处理以及不施肥处理相比，玉米籽粒产量分别增产了6.2%和23.9%，增产效果十分显著。阎世江等研究表明，在小麦的生长过程中采用固氮菌肥料拌种和喷施，能明显促进小麦生长，提高小麦产量。史鸿志等、王志江等均对水稻施用微生物肥料进行研究，结果均表明施用微生物肥料后对水稻有明显的增产效果。

3. 微生物肥料对作物生理指标的影响

微生物肥料对作物的生理指标也有显著影响。作物叶片中的叶绿素含量越多，作物的光合作用能力越强，而光合作用影响着光合产物的积累，最终反映到作物的产量上。王继雯等研究表明，施用微生物肥料可以使小麦叶片中的叶绿素含量显著提高。张幸果等研究表明，施用微生物肥料可提高成熟花生的净光合速率、气孔导度、细胞间浓度和蒸腾速率，且随着施用量越高，效果越好。

4. 微生物肥料对植物抗病虫害的影响

施用微生物肥料对植物抗病虫害的影响主要有两个方面，一是影响植物自身的营养状况和生长发育，二是通过植物影响植食性昆虫的个体大小、存活率、寄主选择、成虫寿命和生殖力等。潘子旺等研究发现，施用含有枯草芽孢杆菌的微生物肥料能有效缓解马铃薯的连作障碍，降低马铃薯疮痂病的病情指数。张萍等研究发现，施用含有放线菌的微生物肥料对新疆加工番茄促生、防病、增产及列当的防控效果，结果表明其能够显著降低加工番茄株高，提高单株结果数，降低番茄早疫病病情指数和列当分枝数，提高加工番茄产量。

5. 微生物肥料对土壤理化性质的影响

微生物在土壤中进行代谢活动时可以分泌出一种黏合剂，促进土壤形成团粒结构，使得土壤更加疏松透气，水肥保持能力更强。土壤环境的改善更有利于有益菌群的生长繁殖，从而形成良性循环，从而促进根系的生长和对养分的吸收。郭志国等研究发现，施用过生物有机肥的土壤的容重减小、孔隙度提高，土壤变得疏松、透气性更好，更适合作物生长。施用微生物肥能有效提高土壤全氮、全磷、碱解氮、有效磷、速效钾和有机质的含量。孙祎振等研究发现，施用微生物肥后土壤的有效氮磷钾分别比对照组明显增加 7.7%、27.9% 和 7.5%，其中有效磷的增加最显著。

二、存在问题

虽然微生物肥料有许多优点，但是目前仍然面临许多问题与挑战。

（一）产品方面

微生物肥料效果不易稳定。微生物肥料施入土壤后，在适宜的条件下可以快速繁殖，形成优势菌群。但是，如果在北方偏寒冷的地区，或者南方偏酸性的地区，或者施用时天气状况不好，比如下雨或者高温等，均会影响微生物肥料里面的微生物活性，从而影响施肥效果。另外微生物肥料也不适宜长期保存，最好随用随买。

（二）生产方面

微生物肥料涉及农业生物技术的很多方面，是一项需要专业技术背景和科技含量较高的行业，很多企业存在技术水平、生产工艺和生产设备相对落后、规模较小、生产不规范等多种问题，从而导致生产出来的产品质量不高，比如有效活菌数较低、杂菌率较高、有效期较短等。还有的产品出现菌种组合不合理、产品成分不合理等现象。

（三）管理方面

因为微生物肥料具有较大的发展潜力，为了利益，企业争相生产，导致市场上产品纷乱众多，鱼龙混杂，良莠不齐。目前我国对于微生物肥料的管理还处于发展阶段，还不够成熟，虽然已经实行了登记管理制度，但是管理力度不够，行业准入标准、行政许可审批，监督抽查等一系列的环节都有待于构建和完善。

（四）使用者方面

农民对微生物肥料认知不足。虽然微生物肥料在我国已有几十年的发展历史，但是微生物肥料作为一种具有多种功能的活菌制剂，对广大农民来说，由于文化水平有限而导致在使用时，如何科学合理使用仍然存在一定困难。当厂家和经销商无节制地宣传夸大产品效果时，农民往往禁不住诱惑而盲目购买，又不知道如何科学合理地使用，而导致效果不理想，因此又对微生物肥料失去信心，认为其不如化肥肥效好且价格便宜。

三、前景展望

农业农村部高度重视农产品质量安全，先后制定印发《到 2020 年化肥使用量零增长行动方案》《到 2025 年化肥减量化行动方案》《到 2025 年化学农药减量化行动方案》，持续推进化肥、农药减量工作，加强农产品质量安全监测，保障老百姓吃上放心果、放心菜。微生物肥料符合发展可持续农业、现代生态农业的要求，是无公害食品和绿色食品生产现实需要，是减少化肥和农药用量、降低环境污染的必然选择。我国微生物菌种具有资源丰富、微生物肥料产品种类繁多、应用范围广泛等特点，丰富的微生物资源为发展微生物肥料产业提供了有力保证。微生物肥料必将在中国农业可持续发展中起到不可替代的作用。

参考文献

曹雯梅，郑钊冰，郑贝贝，2015. 复合微生物肥对玉米土壤微生物及农艺性状的影响［J］. 河南农业（10）：44-45.

陈丹梅，段玉琪，杨宇虹，等，2014. 长期施肥对植烟土壤养分及微生物群落结构的影响［J］. 中国农业科学，47（17）：3424-3433.

陈清，张强，常瑞雪，等，2017. 我国水溶性肥料产业发展趋势与挑战［J］. 植物营养与肥料学报，23（6）：1642-1650.

陈清，周爽，2014. 我国水溶性肥料产业发展的机遇与挑战［J］. 磷肥与复肥，29（6）：20-24.

崔德杰，杜志勇 . 新型肥料及其应用技术［M］. 北京：化学工业出版社.

崔正忠，韩芳，2001. 微生物肥料生产、应用中需注意问题［J］. 北方园艺（1）：51-52.

邓兰生，涂攀峰，张承林 . 水溶性复混肥料的合理施用［M］. 北京：中国农业出版社.

董昌金，蒋宝贵，2005. 解磷细菌 PD01 的分离与分子标记［J］. 湖北农业科学（1）：62-63.

董元华，2015. 有机肥与耕地土壤质量［J］. 中国科学院院刊（30）：257-269.

杜为研，唐杉，汪洪，2020. 我国有机肥资源及产业发展现状［J］. 中国土壤与肥料（3）：210-219.

段威，2015. 大量元素水溶肥产品性质介绍与生产技术开发［J］. 硫磷设计与粉体工程，5：14-16.

冯先明，王保明，彭全，等，2018. 我国水溶肥的发展概况与建议［J］. 现代化工，38（1）：6-11.
高云超，陈俊秋，张孝祺，2000. 广东省微生物肥料的发展现状和质量控制对策［J］. 广东农业科学（3）：29-31.
葛诚，1995. 微生物肥料研究、生产和应用的几个问题［J］. 微生物学通报（6）：6.
葛诚，2000. 微生物肥料生产应用基础［M］. 北京：中国农业科技出版社.
郭志国，何薇，杨娜，等，2015. 生物有机肥对土壤理化性质影响的研究［J］. 中国农业信息（1）：56.
国家发展和改革委员会价格司，2016. 全国农产品成本收益资料汇编［M］. 北京：中国统计出版社.
国家市场监督管理总局，国家标准化管理委员会，2019. 肥料中有毒有害物质的限量要求［S］. 北京：中国标准出版社.
国家市场监督管理总局，国家标准化管理委员会，2020. 掺混肥料（BB 肥）［S］. 北京：中国标准出版社.
国家市场监督管理总局，国家标准化管理委员会，2020. 复合肥料［S］. 北京：中国标准出版社.
国家市场监督管理总局，国家标准化管理委员会，2020. 有机无机复混肥料［S］. 北京：中国标准出版社.
国家市场监督管理总局，国家标准化管理委员会，2021. 肥料标识内容和要求［S］. 北京：中国标准出版社.
何建清，张格杰，赵伟进，等，2022. 复合微生物菌肥拌种对黑青稞生长发育及品质的影响［J］. 江苏农业科学，50（8）：111-117.
何永梅，赵安琪，2012. 含腐殖酸水溶肥料在农业生产上的应用［J］. 科学种养（5）：5-6.
黄平，2022. 物理混配法水溶肥生产技术改造总结［J］. 肥料与健康，49（3）：65-68.
黄绍文，唐继伟，李春花，2017. 我国商品有机肥和有机废弃物中重金属、养分和盐分状况［J］. 植物营养与肥料学报，23

（1）：162-173.
黄伟，张俊花，刘倩男，等，2019. 微生物菌肥对生菜土壤酶活性和微生物数量的影响［J］. 湖北农业科学，58（22）：54-57，64.
季保德，2017. 用高塔工艺生产高浓度颗粒状全水溶肥的控制要点［J］. 磷肥与复肥，32（12）：12-14.
姜茜，王瑞波，孙炜琳，2018. 我国畜禽粪便资源化利用潜力分析及对策研究—基于商品有机肥利用角度［J］. 华中农业大学学报（社会科学版），（4）：30-37.
姜妍，王浩，王绍东，等，2010. 微生物菌肥在农业生产中的应用潜力［J］. 大豆科技（5）：25-27.
金波，2020. 水溶肥发展现状和存在问题的研究［J］. 盐科学与化工，49（11）：1-2，7.
李博文，2016. 微生物肥料研发与应用［M］. 北京：中国农业出版社.
李坚，刘云骥，王丹丹，等，2017. 日光温室小型水肥一体灌溉机设计及其控制模型的建立［J］. 节水灌溉，（4）：87-91.
李俊，沈德龙，林先贵，2011. 农业微生物研究与产业化进展［M］. 北京：科学出版社.
李可可，陈腊，米国华，等，2021. 微生物肥料在玉米上的应用研究进展［J］. 玉米科学，29（3）：111-122.
李岚斌，朱德兰，张琛，等，2010. 几种微灌灌水器均匀度试验研究［J］. 中国农村水利水电（12）：22-25.
李涛，张朝辉，郭雅雯，等，2019. 国内外微生物肥料研究进展及展望［J］. 江苏农业科学，47（10）：37-41.
李玉峰，2002. 复合肥生产工艺综述［J］. 攀枝花学院学报（5）：86-88.
梁红江，2018. AZF 工艺生产粒状水溶肥的技术开发［D］. 秦皇岛：燕山大学，硕士.
梁嘉敏，杨虎晨，张立丹，等，2021. 我国水溶性肥料及水肥一体化的研究进展［J］. 广东农业科学，48（5）：64-75.
梁雄才，2002. 当前复混肥生产发展的有关问题及对策［J］. 土壤与环境（2）：106-108.
林仁惠，1999. 当前化肥市场存在的主要问题［J］. 农村 . 农业 . 农民（7）：38.
刘刊，耿士均，王波，等，2011. 微生物肥料研究进展［J］. 安徽农业科学，39（22）：13445-13447，13488.
刘秀梅，罗奇祥，冯兆滨，等，2007. 我国商品有机肥的现状与发展趋势调研报告［J］. 江西农业学报（4）：49-52.
刘云，邹文敏，王巧玲，2019. 探讨水溶肥发展现状及建议［J］. 调查思考：1.
陆景陵，2003. 植物营养学［M］. 2 版 . 北京：中国农业大学出版社.
马国巍，2006. 黑龙江省生物农药与微生物肥发展问题研究［J］. 哈尔滨商业大学学报（自然科学版）（3）：123-124，128.
孟瑶，徐凤花，孟庆有，等，2008. 中国微生物肥料研究及应用进展［J］. 中国农学通报（6）：276-283.
聂松青，田淑芬，2015. 葡萄矿质营养概况及微生物肥的应用［J］. 中外葡萄与葡萄酒（5）：46-51.
潘子旺，张东旭，张冬梅，等，2021. 枯草芽孢杆菌制剂在不同马铃薯品种上的应用试验［J］. 农业科技通讯（10）：94-97.
庞淑婷，董元华，2012. 土壤施肥与植食性害虫发生为害的关系［J］. 土壤，44（5）：719-726.
彭伟，邓桂湖，2017. 聚谷氨酸——新型生物刺激剂在农业上的应用［J］. 磷肥与复肥，32（3）：24-25.
彭贤辉，郭巍，朱基琛，等，2016. 水溶肥料的研究现状及展望［J］. 河南化工，33（12）：7-10.
彭志红，2015. 我国复合肥生产现状及发展建议［J］. 磷肥与复肥（11）：30-31.

秦选吉，2018. 发酵法处理鸡、鸭、羊部分下脚料生产微生物肥料的工艺研究［D］. 辽宁：锦州医科大学.

全国农业技术服务推广中心，1999. 中国有机肥料资源［M］. 北京：中国农业出版社.

全娇娇，2020. 农户化肥使用存在的问题及减量对策［J］. 农村经济与科技（14）：13-14.

邵建华，2000. 中微量元素肥料的生产与应用研究进展［J］. 磷肥与复肥（6）：50-52.

邵建华，2002. 化肥的生产和使用中存在的问题与建议［J］. 化工科技市场（11）：30-33，43.

史鸿志，朱德峰，张玉屏，等，2016. 复合微生物肥应用对水稻产量及效益的影响［J］. 中国稻米，22（3）：75-77.

史慧芳，2023. 微生物肥对设施灵武长枣生长及品质的影响［D］. 陕西：榆林学院.

司丽娜，2012. 微生物菌肥菌种分离、鉴定及混合发酵［D］. 山东：山东大学.

宋志伟，王志刚. 肥料科学施肥技术［M］. 北京：机械工业出版社.

孙祎振，王朔，2010. 生物菌肥料对糯玉米农艺性状和品质的影响［J］. 大麦与谷类科学（4）：41-43.

孙勇，曲京博，初晓冬，等，2018. 不同施肥处理对黑土土壤肥力和作物产量的影响［J］. 江苏农业科学，46（14）：45-50.

涂攀峰，邓兰生，龚林，等，2012. 水溶肥中水不溶物含量对滴灌施肥系统过滤器堵塞的影响［J］. 磷肥与复肥，27（1）：72-73.

屠赛飞，章一平，2014. 高效复合生物菌肥在农业生产中的应用［J］. 现代农业科技（8）：198，201.

汪澈，2015. 氨酸造粒法复合肥生产技术［J］. 安徽化工（3）：47-48.

汪家铭，2011. 水溶肥发展现状及市场前景［J］. 上海化工，36

（12）：27-31.
王超，刘明庆，黄思杰，等，2019. 不同施肥处理对有机种植土壤微生物区系的影响［J］. 江苏农业科学，47（20）：266-272.
王继雯，赵俊杰，李冠杰，等，2018. 新型复合微生物肥料对冬小麦生物学性状的影响［J］. 南方农业学报，49（10）：1953-1958.
王晛，徐汉虹，张新明，2021. 商品有机肥补贴标准模型及其应用研究［J］. 科研管理，42（12）：195-203.
王小宝，2009. 化肥生产工艺［M］. 北京：化学工业出版社.
王学江，2017. 复合肥挤压造粒法工艺介绍［J］. 磷肥与复肥（4）：17-19.
王志江，2019. "福建复合微生物肥料"在水稻上的肥效试验报告［J］. 农业开发与装备（4）：131，146.
王自强，王晓旭，段卫力，等，2020. 水肥一体化应用技术集成及推广［J］. 现代园艺，9：62-66.
吴维民，2016. 我国水溶肥生产现状与发展方向初探［J］. 盐业与化工，45（7）：1-3.
徐双，柳新伟，崔德杰，等，2015. 不同施肥处理对滨海盐碱地棉花生长和土壤微生物及酶活性的影响［J］. 水土保持学报，29（6）：316-320.
徐卫红，2015. 水肥一体化实用新技术［M］. 北京：化学工业出版社：42-44.
徐迅燕，李文西，毛伟，等，2021. 复合微生物肥料在青菜上的应用效果研究［J］. 现代农业科技（9）：56-57，59.
徐志峰，王旭辉，丁亚欣，等，2010. 生物菌肥在农业生产中的应用［J］. 现代农业科技（5）：269-270.
阎世江，李照全，张治家，2017. 固氮菌肥对小麦生长和产量的影响［J］. 科学技术与工程，17（15）：181-184.
叶思廷，2021. 农户有机肥施用行为及影响因素分析［D］. 长春：吉林农业大学.
于健，郁继华，冯致，等，2017. 微生物肥与化肥配施对基质栽培番茄产量、品质、光合特性及基质微生物的影响［J］. 甘肃农业大学学报，52（2）：41-47，53.
曾玲玲，崔秀辉，李清泉，等，2009. 微生物肥料的研究进展［J］. 贵州农业科学，37（9）：116-119.
张丹，张卫峰，季玥秀，等，2012. 我国中微量元素肥料产业发展现状［J］. 现代化工（5）：1-5.
张洪强，王志义，2015. 水溶肥施肥设备的研究与应用［J］. 农业科技与装备，7：36-37.
张华，吴普特，牛文全，等，2003. 节水灌溉管材评述［J］. 节水灌溉（6）：29-31.
张玲，李宝泽，2016. 微生物肥料在果品生产中应用的潜力［J］. 北方果树（5）：1-3.
张萍，赵建华，鞠召彬，等，2019. 放线菌肥对新疆加工番茄促生、防病增产及列当的防控效果［J］. 中国蔬菜（2）：49-52.
张强，付强强，陈宏坤，等，2017. 我国水溶性肥料的发展现状及前景［J］. 山东化工，46（12）：78-81.
张儒全，2014. 超高浓度硝基水溶肥工艺实验研究［J］. 化肥设计，52（2）：34-36.
张树清. 新型肥料及其施用教程［M］. 北京：中国农业出版社.
张卫峰，2018. 化肥零增长呼吁肥料产业链革新［J］. 蔬菜（5）：7-15.
张幸果，王允，和小燕，等，2016. 施复合微生物肥和抗重茬肥对不同花生品种（系）光合特性、酶活性及产量的影响［J］. 河南农业大学学报，50（6）：726-733.
张永志，2002. 浅谈我国复混肥料（复合肥料）工业［J］. 磷肥与复肥（17）：1-4.
张永志，2002. 浅谈我国复混肥料（复合肥料）工业［J］. 磷肥与复肥（3）：3-6.

赵炳强，2013. 新型肥料［M］. 北京：科学出版社.
赵从波，章淑艳，韩涛，等，2014. 磷细菌剂对红小豆根际结瘤数生育性状及籽粒品质的影响［J］. 河北农业科学，18（2）：39-41.
赵青春，陈娟，2022. 主要设施蔬菜水肥一体化实用生产技术［M］. 北京：中国农业出版社.
郑秀兴，2018. 复混肥料（复合肥料）质量提升探讨［J］. 磷肥与复肥（9）：7-11.
郑州德化新陆农药有限公司，http：//www. dgxljt. com/jishu/1589. htm.
中华人民共和国农业农村部．关于印发《到2020年化肥使用量零增长行动方案》的通知［EB/OL］.（2015-03-18）［2018-10－26］. http：//www. moa. gov. cn/ztzl/mywrfz/gzgh/201509/t20150914_4827907. htm.
中华人民共和国农业农村部．农业部关于印发《开展果菜茶有机肥替代化肥行动方案》的通知［EB/OL］.（2017-02-10）. http：//www. moa. gov. cn/nybgb/2017/derq/201712/t20171227_6130977. htm.
中华人民共和国农业行业标准．NY/T 1106—2010 含腐殖酸水溶肥料［S］.
中华人民共和国农业行业标准．NY/T 1106—2010 有机水溶肥料［S］.
中华人民共和国农业行业标准．NY/T 1107—2020 大量元素水溶肥料［S］.
中华人民共和国农业行业标准．NY/T 1110—2010 水溶肥料汞、砷、镉、铅、铬的限量要求［S］.
中华人民共和国农业行业标准．NY/T 1428—2010 微量元素水溶肥料［S］.
中华人民共和国农业行业标准．NY/T 1429—2010 含氨基酸水溶肥料［S］.

中华人民共和国农业行业标准 . NY/T 2266—2012 中量元素水溶肥料 [S].

周霞，2009. 浅谈化肥生产和使用中存在的问题与对策 [J]. 中国果菜 (3)：37.

周泽宇，罗凯世，2014. 我国生物肥料应用现状与发展建议 [J]. 中国农技推广，30 (5)：42-43，46.

朱琳，马建平，2014. 果园微生物肥效果减退原因与改进建议 [J]. 西北园艺 (果树) (2)：42-44.

朱治强，赵凤亮，丁哲利 . 肥料检测与施肥技术研究 [M]. 天津：天津科学技术出版社.

DAS H K，2019. Azotobacters as biofertilizer [J]. Advances in Applied Microbiology，108：1-43.

LIU S，TANG W，YANG F，et al.，2017. Influence of biochar application on potassium-solubilizing Bacillus mucilaginosus as potential biofertilizer [J]. Preparative Biochemistry & Biotechnology，47 (1)：32-37.

MAHDI S S，HASSAN G I，SAMOON S A，et al.，2010. Bio-fertilizers in organic agricultures [J]. Journal of Phytology，2 (10)：42-54.